LEHRBÜCHER UND MONOGRAPHIEN
AUS DEM GEBIETE DER
EXAKTEN WISSENSCHAFTEN

MATHEMATISCHE REIHE

BAND 11

# Über Kurven und Flächen in allgemeinen Räumen

VON

P. FINSLER

O. PROFESSOR AN DER UNIVERSITÄT ZÜRICH

*

UNVERÄNDERTER NACHDRUCK DER
DISSERTATION VON 1918

MIT AUSFÜHRLICHEM LITERATURVERZEICHNIS
VON H. SCHUBERT

Springer Basel AG

1951

ISBN 978-3-0348-4070-5     ISBN 978-3-0348-4144-3 (eBook)
DOI 10.1007/978-3-0348-4144-3

# INHALT

# VORWORT

Die im Jahre 1918 erschienene Inauguraldissertation von PAUL FINSLER, *Über Kurven und Flächen in allgemeinen Räumen*, hat in der Folge eine sehr nachhaltige Wirkung gehabt, wie sie nur in den seltensten Fällen den Erstlingswerken beschieden ist. Eine große Anzahl von Abhandlungen und auch etliche Bücher sind inzwischen über die mit der Finslerschen Dissertation inaugurierte «Finslersche Geometrie» verfaßt worden, und es ist bereits klar geworden, daß sich diese bahnbrechende Arbeit würdig in die schweizerische geometrische Tradition, wie sie von STEINER und SCHLÄFLI begründet wurde, einreiht.

Da die Finslersche Dissertation nie in den Buchhandel gekommen war, besaßen sie nur wenige Mathematiker, Finslers Freunde und Altersgenossen. Es ist daher der Entschluß des Verlags Birkhäuser, diese Arbeit in Faksimile reproduzieren und um bibliographische Notizen vermehrt im Rahmen der Birkhäuserschen Sammlung erscheinen zu lassen, sehr zu begrüßen. Zwar kommt dieser Wiederabdruck zu spät, um PAUL FINSLERS dreißigjähriges Doktorjubiläum zu ehren. Es ist aber sicher zu erwarten, daß heute, nachdem diese Arbeit nun allgemein zugänglich geworden ist, noch mannigfaltige Wirkungen von ihr ausstrahlen werden.

Basel, im März 1950                               A. OSTROWSKI

# GELEITWORT

Es freut mich, daß meine Dissertation immer noch Interesse findet und dieses nun dank der Initiative des Verlags Birkhäuser auch befriedigt werden kann. Ich möchte hier meines vor kurzem leider verstorbenen Lehrers CARATHÉODORY gedenken, dessen in die Variationsrechnung eingeführten geometrischen Methoden, die auch in meiner Arbeit verwendet wurden, jedenfalls noch weiterer Ausgestaltung und Anwendung fähig sind. Die von Herrn Dr. SCHUBERT mit großem Verständnis hergestellte Literaturübersicht wird manchem, der auf diesen Gebieten arbeitet, willkommen sein.

Zürich, im März 1950                                        P. FINSLER

# Ueber Kurven und Flächen in allgemeinen Räumen

::::

INAUGURAL-DISSERTATION

ZUR

ERLANGUNG DER DOKTORWÜRDE

DER

HOHEN PHILOSOPHISCHEN FAKULTÄT

DER

GEORG-AUGUST-UNIVERSITÄT

ZU GÖTTINGEN

VORGELEGT VON

**Paul Finsler**

aus Zürich

Göttingen – 1918.

Von der mathematisch-naturwissenschaftlichen Abteilung
angenommen.


Tag der mündlichen Prüfung: 10. April 1918.

Referent: Herr Prof. Dr. Carathéodory.

Dem Andenken
meiner Eltern!

# Inhalt.

# Einleitung.

Die vorliegende Arbeit behandelt verschiedene Teile der Differentialgeometrie in mehrdimensionalen Räumen unter Zugrundelegung einer
verallgemeinerten Maßbestimmung. Die Länge einer Kurve soll nämlich
durch das Integral über eine im wesentlichen willkürliche Funktion
der Koordinaten und ihrer ersten Ableitungen gemessen werden. Die
euklidische Geometrie und diejenige in Räumen von beliebigem Krümmungsmaße sind die wichtigsten Spezialfälle, auf die sich diese
Untersuchungen anwenden lassen. Eine Behandlung der Geometrie
unter möglichst allgemeinen Voraussetzungen hat zugleich den Vorteil,
erkennen zu lassen, inwieweit die einzelnen Sätze derselben von speziellen
Annahmen über die Maßbestimmung oder die Zahl der Dimensionen
unabhängig sind. Man könnte sich dabei die Aufgabe stellen, für
alle Sätze den genauen Geltungsbereich abzugrenzen, doch haben wir
auf diese Fragen weniger Gewicht gelegt; es zeigt sich nämlich, daß
sich viele Begriffe und Sätze ohne wesentliche Modifikationen auch
auf den allgemeinsten Fall übertragen lassen. Wir machen zwar in
dieser Arbeit noch eine einschränkende Annahme über die Maßbestimmung (vgl. § 21), welche es gestattet, überall nur reelle Funktionen
zu verwenden, doch dürfte eine Befreiung von dieser Annahme und
vielleicht die Übertragung der ganzen Theorie auf das komplexe Gebiet
ohne besondere Schwierigkeiten möglich sein. Die Definitionen und
die Formeln würden im wesentlichen dieselben bleiben, nur würden
dabei viele Sätze Ausnahmen erleiden und dadurch komplizierter werden.

In der Differentialgeometrie untersucht man die Kurven und
Flächen nur in der Umgebung eines einzelnen Punktes, da man willkürlich vorgegebene Funktionen nicht als Ganzes betrachten, sondern
nur in der Umgebung einer Stelle als bekannt voraussetzen will. Nun
hängt aber, wie wir annehmen, die Maßbestimmung auch noch von

der Richtung in beliebiger Weise ab; wir müssen uns also aus demselben Grunde, soweit Längenmessungen in Betracht kommen, auf die Umgebung eines einzelnen Linienelementes beschränken.

Bei Beachtung dieser Forderung läßt sich die Kurventheorie in eindeutiger Weise aufbauen, selbst wesentlich verschiedene Definitionen für die Krümmungen einer Kurve liefern doch dasselbe Resultat. Die Krümmungen sind auch im wesentlichen die einzigen Invarianten einer Kurve: wenn alle Krümmungen als Funktionen der Bogenlänge und außerdem geeignete Anfangsbedingungen gegeben sind, so ist die zugehörige Kurve eindeutig bestimmt.

Die Kurventheorie läßt sich auch auf mehrdimensionale Flächen übertragen; daß auch die Flächen durch die Angabe ihrer Krümmungen und geeigneter Anfangsbedingungen eindeutig bestimmt sind, haben wir nicht gezeigt, doch sprechen Gründe dafür, daß dies der Fall ist.

Von den aus der Flächentheorie bekannten Sätzen lassen sich viele auch für den allgemeinen Fall beweisen, jedoch ist zum Beispiel die Theorie der Krümmungslinien an speziellere Maßbestimmungen geknüpft. Auch die Begriffe der Gaußschen und der mittleren Krümmung zweidimensionaler Flächen lassen sich auf den allgemeinen Fall übertragen; diese Grössen hängen dann aber im einzelnen Flächenpunkte noch von der Richtung ab, wie es übrigens schon bei der Flächennormale vorkommt, die deshalb durch einen Normalenkegel ersetzt werden muss.

Man könnte diese Begriffe auch für mehrdimensionale Flächen definieren; ferner wäre noch die Abhängigkeit der inneren Krümmung von den äußeren Krümmungen zu untersuchen. In Nr. XVI und XVII (§ 73 bis § 82) beschränken wir uns auf die Flächen eines dreidimensionalen Raumes; es wäre interessant, die Flächenkurven auch für beliebige Flächen noch näher zu untersuchen, ohne eine bestimmte Dimensionszahl vorauszusetzen. Ferner könnte das Studium spezieller Kurven und Flächen, etwa solcher von verschwindender Torsion oder von konstanter Krümmung, zu manchen Untersuchungen Anlaß geben.

Das für die Rechnungen zugrunde gelegte Koordinatensystem kann man sich als ein cartesisches oder als ein beliebig krummliniges vorstellen; man kann sich zum Beispiel die Punkte einer zweidimen-

sionalen Fläche in einer euklidischen Ebene oder auf irgend einer
gekrümmten Fläche gelegen denken. Alle Koordinatensysteme, die
durch reguläre Transformationen ineinander übergeführt werden können,
sollen als gleichberechtigt gelten. Wenn dann die Definitionen der
geometrischen Begriffe nicht an spezielle Koordinatensysteme geknüpft
werden, so erhält man lauter Invarianten gegenüber beliebigen regulären Transformationen, während in der euklidischen Geometrie nur
orthogonale Transformationen zugelassen werden.

# Erster Abschnitt. — Grundbegriffe.

## I. Geometrische Gebilde.

**Räume und Felder.** 1. Die Punkte eines *n-dimensionalen Raumes* $R_n\,(n \geq 2)$ seien durch die Koordinaten $x_1$, $x_2$, ..., $x_n$ dargestellt.

Wir beschränken unsere Untersuchungen auf die Umgebung eines bestimmten Punktes $P$ in diesem Raume; die im folgenden auftretenden Bedingungen der Regularität und Eindeutigkeit brauchen, ohne daß dies im einzelnen Falle besonders hervorgehoben würde, nur in der Umgebung von $P$ erfüllt zu sein. Unter der *Umgebung* eines Punktes verstehen wir stets eine *„hinreichend kleine"* Umgebung.

Ein System von $n$ analytisch regulären Funktionen von der Form

$$y_j = y_j\,(x_1, x_2, \ldots, x_n) \qquad j = 1, 2, \ldots, n, \qquad (1)$$

deren Funktionaldeterminante im Punkte $P$ nicht verschwindet, liefert für die Umgebung dieses Punktes eine reguläre, umkehrbar eindeutige Punkt- oder Koordinatentransformation. Die im folgenden behandelten differentialgeometrischen Größen und Begriffe sind von der speziellen Wahl des Koordinatensystems unabhängig, also gegenüber allen diesen Transformationen invariant.

2. Es seien einige Bemerkungen über die verwendeten Bezeichnungen vorausgeschickt.

Die Koordinaten eines Punktes und ebenso auch andere Systeme von $n$ Größen oder $n$ Funktionen werden wir im allgemeinen durch einen einzigen, fettgedruckten Buchstaben bezeichnen und dann die einzelnen Komponenten durch Indizes unterscheiden. Sind zum Beispiel $\mathbf{x}$ und $\mathbf{c}_1$ solche Systeme, so ist

$$\mathbf{x} \equiv (x_1, x_2, \ldots, x_n), \qquad \mathbf{c}_1 \equiv (c_{11}, c_{12}, \ldots, c_{1n})$$

$$\frac{\partial \mathbf{x}}{\partial u_a} \equiv \left( \frac{\partial x_1}{\partial u_a}, \ldots, \frac{\partial x_n}{\partial u_a} \right), \qquad \frac{\partial G}{\partial \mathbf{x}} \equiv \left( \frac{\partial G}{\partial x_1}, \ldots, \frac{\partial G}{\partial x_n} \right).$$

Eine Gleichung zwischen solchen Systemen ersetzt ein System von $n$ Gleichungen, die für die einzelnen Komponenten gelten.

Die notwendige und hinreichende Bedingung dafür, daß $\nu$ Systeme $\mathfrak{q}_1$, $\mathfrak{q}_2$, ..., $\mathfrak{q}_\nu$ ($\nu \leq n$) von einander *linear abhängig* sind, besteht darin, daß in der aus ihren Komponenten gebildeten Matrix sämtliche Determinanten $\nu^{ter}$ Ordnung verschwinden. Für die Gesamtheit dieser Determinanten, in ein für allemal bestimmter Reihenfolge genommen, verwenden wir das Symbol $[\mathfrak{q}_1, \ldots, \mathfrak{q}_\nu]$[1]), so daß $[\mathfrak{q}_1, \ldots, \mathfrak{q}_\nu] = 0$ lineare Abhängigkeit der Systeme $\mathfrak{q}_\alpha$ bedeutet, während $[\mathfrak{q}_1, \ldots, \mathfrak{q}_\nu] \neq 0$ bedeuten soll, daß jene Determinanten nicht sämtlich verschwinden, daß also die Systeme $\mathfrak{q}_\alpha$ von einander linear unabhängig sind. Sind $\mathfrak{c}_1$, $\mathfrak{c}_2$, ..., $\mathfrak{c}_\nu$ feste Vektoren, so sei noch zur Abkürzung $[\mathfrak{q}, \mathfrak{c}_1, \ldots, \mathfrak{c}_\nu] = [\mathfrak{q}, (\nu)]$ gesetzt. Wie bei einzelnen Determinanten kann man folgende Rechenregeln verwenden:

$$[\lambda_1 \mathfrak{q}_1 + \lambda_2 \mathfrak{q}_2 + \lambda_3 \mathfrak{c}_1, (\nu)] = \lambda_1 [\mathfrak{q}_1, (\nu)] + \lambda_2 [\mathfrak{q}_2, (\nu)]$$

(man bemerke, dass $\lambda_3$ wegen $[\mathfrak{c}_1, (\nu)] = 0$ herausfällt).

Aus
$$\lambda_1 \mathfrak{q}_1 + \lambda_2 \mathfrak{q}_2 + \lambda_3 \mathfrak{c}_1 = 0$$
folgt
$$\lambda_1 [\mathfrak{q}_1, (\nu)] + \lambda_2 [\mathfrak{q}_2, (\nu)] = 0,$$
aus
$$\lambda_1 [\mathfrak{q}_1, (\nu)] = 0$$
folgt
$$\lambda_1 = 0 \text{ oder } [\mathfrak{q}_1, (\nu)] = 0.$$

Beliebige Funktionen werden im folgenden stets als *analytisch regulär* vorausgesetzt.

3. Ein im Raum $R_n$ enthaltener regulärer *$\nu$-dimensionaler Raum $R_\nu$* ($0 \leq \nu \leq n$) ist eine Mannigfaltigkeit von Punkten, deren Koordinaten sich als reguläre Funktionen von $\nu$ Parametern darstellen lassen:

$$(2) \qquad x_j = x_j(u_1, u_2, \ldots, u_\nu) \qquad j = 1, 2, \ldots, n,$$

und zwar in solcher Weise, daß zugleich auch die Parameter als reguläre Funktionen der Koordinaten dargestellt werden können:

$$u_\alpha = u_\alpha(x_1, x_2, \ldots, x_n) \qquad \alpha = 1, 2, \ldots, \nu.$$

---

[1]) Vgl. das „kombinatorische Produkt" bei H. Grassmann: Ausdehnungslehre von 1862. Nr. 61, 66. (Ges. Werke, Bd. $I_2$.)

Diese letztere Bedingung ist äquivalent mit der Forderung

$$\left[\frac{\partial \mathbf{x}}{\partial u_1}, \ldots, \frac{\partial \mathbf{x}}{\partial u_\nu}\right] \neq 0 . \tag{3}$$

Wäre nämlich $\left[\dfrac{\partial \mathbf{x}}{\partial u_1}, \ldots, \dfrac{\partial \mathbf{x}}{\partial u_\nu}\right] = 0$, so wäre etwa $\dfrac{\partial \mathbf{x}}{\partial u_1}$ eine lineare

Kombination von $\dfrac{\partial \mathbf{x}}{\partial u_2}, \ldots, \dfrac{\partial \mathbf{x}}{\partial u_\nu}$, was mit den aus $u_1 = u_1(\mathbf{x})$ abzu-

leitenden Gleichungen

$$1 = \sum_{i=1}^{n} \frac{\partial u_1}{\partial x_i} \frac{\partial x_i}{\partial u_1} \qquad 0 = \sum_{i=1}^{n} \frac{\partial u_1}{\partial x_i} \frac{\partial x_i}{\partial u_\delta} \qquad \delta = 2, 3, \ldots, \nu$$

in Widerspruch steht. Ist aber (3) erfüllt, so lassen sich die Parameter stets als Funktionen von $\nu$ passend gewählten Koordinaten darstellen. Setzt man diese Funktionen in die Gleichungen (2) ein, so werden $\nu$ davon identisch erfüllt und die übrigen können auf die Form gebracht werden:

$$G_\beta(\mathbf{x}) = 0 \qquad \beta = 1, 2, \ldots, n - \nu, \tag{4}$$

wobei

$$\left[\frac{\partial G_1}{\partial \mathbf{x}}, \ldots, \frac{\partial G_{n-\nu}}{\partial \mathbf{x}}\right] \neq 0 \tag{5}$$

ist. Jeder reguläre Raum $R_\nu$ kann also auch in dieser Form dargestellt werden, und umgekehrt liefern die Gleichungen (4) stets einen regulären Raum, wenn (5) erfüllt ist, denn man kann $n - \nu$ passend gewählte Koordinaten als Funktionen der übrigen betrachten und dadurch zur Parameterdarstellung übergehen.

Für $\nu = n$ erhält man den ursprünglichen Raum $R_n$, die $(n-1)$-dimensionalen Räume bezeichnen wir auch als *Hyperflächen*, die zweidimensionalen[1]) als *Flächen*, die eindimensionalen als *Kurven*, während $\nu = 0$ die einzelnen Punkte des Raumes $R_n$ ergibt.

Ein *Feld* von $\nu$-dimensionalen Räumen ist eine reguläre Mannigfaltigkeit von solchen Räumen, von der Art, daß jeder Punkt des Raumes $R_n$ genau einem von diesen Räumen angehört. Jeder von diesen Räumen ist dann *mit einem Feld umgeben*.

---

[1]) Im dritten Abschnitt auch allgemein für $2 \leqq \nu < n$, vgl. § 54.

Ein beliebiges Feld, das einen Raum $R_\nu$ umgibt, kann man stets in der Form

$$G_\beta(\mathbf{x}) = h_\beta \qquad \beta = 1, 2, \ldots, n - \nu$$

darstellen, so daß man für konstante Werte der Parameter $h_\beta$ die einzelnen Räume des Feldes erhält, während $G_\beta(\mathbf{x}) = 0$ den Raum $R_\nu$ selbst ergibt. Der Darstellung (2) des Raumes $R_\nu$ entspricht folgende Darstellung des Feldes:

$$\mathbf{x} = \mathbf{x}(u_1, \ldots, u_\nu, h_1, \ldots, h_{n-\nu})$$

$$(6) \qquad \left[\frac{\partial \mathbf{x}}{\partial u_1}, \ldots, \frac{\partial \mathbf{x}}{\partial h_{n-\nu}}\right] \equiv \frac{\partial(x_1, \ldots, x_n)}{\partial(u_1, \ldots, h_{n-\nu})} \neq 0 .$$

Reguläre Räume und Felder gehen bei Punkttransformationen in ebensolche über.

**Lineare Gebilde.** 4. Auf jeder Kurve des Raumes $R_n$ denken wir uns für die Reihenfolge der Punkte einen positiven Richtungssinn festgelegt; zwei Kurven mit entgegengesetztem Sinn sehen wir als verschieden an. Bei einer Parameterdarstellung der Kurve soll der Parameter stets zunehmen, wenn die Kurve in positiver Richtung durchlaufen wird.

Jedem Punkt einer Kurve $\mathbf{x} = \mathbf{x}(t)$ ordnen wir einen *Vektor* $\mathbf{x}' = \dfrac{d\mathbf{x}}{dt}$ zu. Der Anfangspunkt dieses Vektors soll mit dem Kurvenpunkt selbst zusammenfallen; seine Richtung zeigt die Richtung der Kurve an, seine Länge hängt noch von der Parameterdarstellung der Kurve ab. Diese Vektoren sind als geometrische Gebilde anzusehen; sie unterscheiden sich aber von den bisher besprochenen Gebilden durch ihr spezielles Verhalten bei Punkttransformationen (s. u.).

Die von einem bestimmten Punkt $\mathbf{x}$ ausgehenden Vektoren erfüllen zusammen einen $n$-dimensionalen *linearen Raum* $T_n$. Der Punkt $\mathbf{x}$ selbst heißt der *Grundpunkt* dieses Raumes. Dem Endpunkt eines vom Punkt $\mathbf{x}$ ausgehenden Vektors $\mathbf{x}'$ legen wir die Koordinaten $(\mathbf{x}, \mathbf{X}) = (\mathbf{x}, \mathbf{x}')$ bei. Dadurch sind alle Punkte der Räume $T_n$ mit je $2n$ Koordinaten $(\mathbf{x}, \mathbf{X})$ versehen. Die $n$ ersten dieser Koordinaten bestimmen den Grundpunkt und damit den zugehörigen Raum $T_n$, während die Koordinaten $\mathbf{X}$ den einzelnen Punkt in diesem Raum angeben und für den Grundpunkt verschwinden.

Bei einer Koordinatentransformation

$$y_j = y_j(\mathbf{x}) \qquad j = 1, 2, \ldots, n$$

werden die Ableitungen längs einer Kurve $\mathbf{x} = \mathbf{x}(t)$ nach der Formel

$$y_j' = \sum_{i=1}^{n} \frac{\partial y_j}{\partial x_i}\, x_i' \qquad j = 1, 2, \ldots, n$$

transformiert, daher gelten für die Koordinaten der Räume $T_n$ die Transformationsformeln:

$$y_j = y_j(\mathbf{x}) \qquad Y_j = \sum_i \frac{\partial y_j}{\partial x_i}\, X_i. \tag{7}$$

Dabei sind die Koeffizienten $\dfrac{\partial y_j}{\partial x_i}$ für jeden einzelnen Raum $T_n$ konstant, da sie nur vom Grundpunkt desselben abhängen. Daraus folgt, daß sich die Räume $T_n$ *affin* transformieren, wenn man auf den Raum $R_n$ eine beliebige Punkttransformation ausübt. Die Affinität ist nicht singulär, da die Funktionaldeterminante der Funktionen $y_j$ nicht verschwindet.

5. Diejenige mit Richtungssinn versehene Gerade des Raumes $T_n$, welche den zur Kurve $\mathbf{x} = \mathbf{x}(t)$ gehörenden Vektor $\mathbf{x}'$ enthält, heißt ein *Linienelement* dieser Kurve. Der Richtungssinn des Linienelements soll mit dem des Vektors $\mathbf{x}'$ übereinstimmen: zwei Linienelemente mit entgegengesetztem Richtungssinn sehen wir als verschieden an. Ein Linienelement gehört der *Umgebung* eines andern an, wenn es sich nach Grundpunkt und Richtung „hinreichend wenig" von ihm unterscheidet.

Ein Linienelement gehört einem Raum $R_\nu$ an, wenn es einer Kurve dieses Raumes angehört.

Zwei Kurven (oder eine Kurve und ein Raum $R_\nu$) *berühren* sich, wenn sie ein gemeinsames Linienelement besitzen.

Die zu einem Punkte gehörenden Linienelemente eines Raumes $\mathbf{x} = \mathbf{x}(u_1, \ldots, u_\nu)$ sind mit den Richtungen von der Form

$$\sum_{a=1}^{\nu} \lambda_a\, \frac{\partial \mathbf{x}}{\partial u_a}$$

identisch und erfüllen wegen (3) einen $\nu$-dimensionalen linearen Raum, den wir den *Tangentialraum $T_\nu$* nennen; er ist in dem zugehörigen Raum $T_n$ enthalten.

Unter einer *Ebene* verstehen wir stets einen *zweidimensionalen* linearen Raum $T_2$.

Ist ein Raum $R_\nu$ in der Form $G_\beta(\mathbf{x}) = 0$ gegeben, so wird der Tangentialraum $T_\nu$ durch die Gesamtheit der Vektoren $\mathfrak{g}$ gebildet, welche den Gleichungen

$$(8) \qquad \sum_{i=1}^{n} g_i \frac{\partial G_\beta}{\partial x_i} = 0 \qquad \beta = 1, 2, \ldots, n - \nu$$

genügen, denn für die Kurven des Raumes $R_\nu$ ist

$$\sum_i x_i' \frac{\partial G_\beta}{\partial x_i} = \frac{dG_\beta}{dt} = 0 ,$$

und wegen der Bedingung:

$$\left[ \frac{\partial G_1}{\partial \mathbf{x}} , \ldots , \frac{\partial G_{n-\nu}}{\partial \mathbf{x}} \right] \neq 0$$

erfüllen diese Vektoren $\mathfrak{g}$ gerade einen $\nu$-dimensionalen[1]) linearen Raum.

Besteht ferner für alle diese Vektoren $\mathfrak{g}$ die Gleichung

$$(9) \qquad \sum g_i H_i = 0 ,$$

so lassen sich die $n$ Größen $H_i$ in folgender Form darstellen:

$$(10) \qquad H_i = \sum_{\beta=1}^{n-\nu} \lambda_\beta \, \frac{\partial G_\beta}{\partial x_i} .$$

Wäre nämlich $\left[ \mathbf{H}, \frac{\partial G_1}{\partial \mathbf{x}} , \ldots , \frac{\partial G_{n-\nu}}{\partial \mathbf{x}} \right] \neq 0$, so könnten die Vektoren $\mathfrak{g}$, die den Gleichungen (8) und (9) zugleich genügen, nur einen Raum $T_{\nu-1}$ erfüllen.[1])

---

[1]) M. Bôcher: Einführung in die höhere Algebra. Leipzig 1910. S. 51 (Satz 2).

# II. Das Projizieren.

**Definition des Projizierens.** 6. Eine Kurve **C** treffe einen $\nu$-dimensionalen Raum $R_\nu$ $(0 \leq \nu < n)$ im Punkte $P$. Die Kurve **C** soll auf den Raum $R_\nu$ projiziert werden. Darunter ist folgendes zu verstehen:

Es soll eine reguläre einparametrige Schar von Kurven gefunden werden, welche die einzelnen Punkte der Kurve **C** mit gewissen Punkten des Raumes $R_\nu$ verbinden. Diese bilden die Projektion $\Gamma$ der Kurve **C**; sie wird i. a. selbst eine Kurve sein, die sich aber auch auf den Punkt $P$ reduzieren kann. Jeder Punkt der Kurve **C** gehört einer bestimmten Kurve jener Kurvenschar an; insbesondere ist auch dem Punkte $P$ eine bestimmte Grenzkurve zugeordnet, welche ebenfalls regulär sein muß. Von dieser Grenzkurve verlangen wir noch, daß sie den Raum $R_\nu$ im Punkte $P$ nicht berührt; ihre Richtung in diesem Punkte soll die *Projektionsrichtung* genannt werden.

Den positiven Sinn der Projektionsrichtung kann man dabei so bestimmen, daß er anzeigt, nach welcher Seite hin sich die Kurve **C** von dem Raum $R_\nu$ entfernt. Man kann nämlich diejenigen Projektionsstrahlen, welche den auf $P$ folgenden Punkten der Kurve **C** entsprechen, in der Richtung von $\Gamma$ nach **C** hin durchlaufen und kann diesen Richtungssinn auf die Grenzkurve übertragen. Diese Festsetzung entspricht nicht dem gewöhnlichen Sprachgebrauch, sie ist aber für spätere Anwendungen zweckmäßig. (Vgl. auch die Bemerkung zu Satz III, § 12.)

Daß eine solche Kurvenschar immer gefunden werden kann, zeigen wir erst später (§ 13—14). Zunächst setzen wir ihre Existenz voraus und leiten einige Sätze darüber ab, die wir später brauchen werden.

7. Die Koordinaten von beliebigen Punkten einer Kurve bezeichnen wir i. a. ebenso wie die Kurve selbst. Die Punkte der Kurve **C** sollen also die Koordinaten $\mathbf{C} \equiv (C_1, C_2, \ldots, C_n)$ tragen; die Koordinaten des Punktes $P$ seien $\mathbf{C}_0 \equiv (C_{01}, C_{02}, \ldots, C_{0n})$. Eine Null unter einem Gleichheitszeichen (z. B. $\mathbf{C} \overset{0}{=} \mathbf{C}_0$) soll andeuten, daß die Gleichung speziell für den Punkt $P$ gilt.

Es sei im Raum $R_n$ eine reguläre Funktion der Koordinaten $\mathbf{x}$ gegeben, $\tau = \tau(\mathbf{x})$, welche auf der Kurve $\mathbf{C}$ und auf ihren gerade betrachteten Projektionen den Parameter definieren soll. Man kann etwa eine der Koordinaten als Parameter wählen, also z. B. $\tau(\mathbf{x}) \equiv x_1$ setzen; der Parameter soll aber, wie wir festgesetzt hatten, in der positiven Richtung dieser Kurven zunehmen. Im Punkte $P$ sei $\tau = 0$; der Raum $\tau = 0$ darf hier die Kurve $\mathbf{C}$ und ihre Projektionen nicht berühren. Auf der Kurve $\mathbf{C}$ bezeichnen wir diesen Parameter $\tau$ mit $t$: $\tau(\mathbf{C}) \equiv t$.

Die Punkte einer Projektion $\boldsymbol{\Gamma}$ von $\mathbf{C}$ kann man einerseits als Funktion des eben definierten Parameters $\tau$ betrachten, andererseits aber auch als Funktion des auf der Kurve $\mathbf{C}$ gültigen Parameters $t$, denn jedem Punkte von $\mathbf{C}$, also auch jedem Werte von $t$, ist vermittels der Projektionsstrahlen ein bestimmter Punkt von $\boldsymbol{\Gamma}$ zugeordnet. Auf der Projektion $\boldsymbol{\Gamma}$ ist daher $\tau$ eine Funktion von $t$. Beim Differenzieren betrachten wir die Koordinaten $\boldsymbol{\Gamma}$ stets als Funktion von $\tau$ und $\tau$ als Funktion von $t$. Die Ableitungen von Funktionen nach·dem für sie gültigen Parameter bezeichnen wir durch obere Indizes, zum Beispiel:

$$\boldsymbol{\Gamma}' \equiv (\Gamma_1', \Gamma_2', \ldots, \Gamma_n') \equiv \frac{d\boldsymbol{\Gamma}}{d\tau}, \qquad \tau' \equiv \frac{d\tau}{dt}, \qquad \mathbf{C}^{(\mu)} \equiv \frac{d^{\mu}\mathbf{C}}{dt^{\mu}}.$$

8. Sind $\mathbf{C}$ und $\boldsymbol{\Gamma}$ die Koordinaten zweier einander zugeordneter Punkte der Kurve $\mathbf{C}$ und ihrer Projektion $\boldsymbol{\Gamma}$, so kann man durch die Gleichungen

$$(11) \qquad\qquad \mathbf{C} = \boldsymbol{\Gamma} + \varrho\, l \qquad \varrho^{(k)} > 0 \qquad \sum l_j^2 = 1$$

die Größen $\varrho$ und $l$ als Funktionen von $t$ definieren. Dabei bedeutet $\varrho^{(k)}$ die erste nicht verschwindende Ableitung von $\varrho$ im Punkte $P$. Es ist

$$\varrho^2 = \sum (C_j - \Gamma_j)^2.$$

Wird diese Summe nach Potenzen von $t$ entwickelt, so erhält man als erstes Glied eine gerade positive Potenz. $\varrho(t)$ ist also auch im Punkte $P$ regulär und verschwindet hier; das Vorzeichen von $\varrho$ ergibt sich aus der Forderung $\varrho^{(k)} > 0$. Die Gleichung $\sum l_j^2 = 1$ dient nur dazu, $\varrho$ und $l$ eindeutig festzulegen und das Verschwinden von $l$ zu verhüten; sonst ist sie unwesentlich und könnte auch durch andere Bedingungen ersetzt werden.

Die Punkte der einzelnen Projektionsstrahlen $\mathfrak{S}$ seien als Funktion eines Parameters $\mathfrak{s}$ dargestellt, der für die Punkte $\varGamma$ verschwindet und auf der Kurve $\mathbf{C}$ den Wert $h$ annimmt. $h$ ist eine Funktion von $t$; für kleine positive Werte von $t$ soll auch $h$ positiv sein, so daß die zugehörigen Projektionsstrahlen in der Richtung von $\varGamma$ nach $\mathbf{C}$ hin positiv durchlaufen werden. Aus dem Mittelwertsatze folgt

$$l_j = \frac{C_j - \varGamma_j}{\varrho} = \frac{h}{\varrho}\,\mathfrak{S}'_j\,(\vartheta_j h) \qquad 0 < \vartheta_j < 1,$$

also für $\lim t = 0$:

$$l \doteqdot \mathrm{const}\ \mathfrak{S}'(0).$$

Daraus geht hervor, *daß der durch (11) definierte Vektor $l$ für $t = 0$ die Projektionsrichtung angibt*, und zwar auch dem Vorzeichen nach, denn da die erste nicht verschwindende Ableitung von $\varrho$ und von $h$ positiv sein soll, so unterscheidet sich $l$ von $\mathfrak{S}'(0)$ nur um eine positive Konstante. Die Länge von $l$ ist unwesentlich, der Endpunkt dieses Vektors ist kein fester Punkt des Raumes $T_n$.

**Berührung von Kurven.** 9. Wir werden im folgenden die *Berührung höherer Ordnung* von Kurven zu berücksichtigen haben und nehmen vorläufig folgende Definition dafür an:

*Zwei Kurven $\mathbf{C}$ und $\varGamma$ berühren sich in $\mu^{ter}$ Ordnung, wenn die Ableitungen der Koordinaten nach dem Parameter $\tau = \tau(\mathbf{x})$ für beide Kurven bis zur $\mu^{ten}$ Ordnung übereinstimmen:*

$$\mathbf{C} \doteqdot \varGamma, \quad \mathbf{C}' \doteqdot \varGamma', \quad \ldots, \quad \mathbf{C}^{(\mu)} \doteqdot \varGamma^{(\mu)}.$$

*Die Berührung ist von genau $\mu^{ter}$ Ordnung, wenn ausserdem $\mathbf{C}^{(\mu+1)} \doteq\!\!\!\!\! + \varGamma^{(\mu+1)}$ ist; sie ist von nullter Ordnung, wenn $\mathbf{C} \doteqdot \varGamma$, $\mathbf{C}' \doteq\!\!\!\!\! + \varGamma'$ ist.*

Wegen der Invarianz der Berührung s. u. § 10. Wir werden später (§ 28) noch eine geometrische Definition der Berührung geben.

Die Kurve $\mathbf{C}$ sei auf eine Kurve $\varGamma$ projiziert, welche sie in $\mu^{ter}$ Ordnung berührt ($\mu \gtreqless 0$). Man setze wieder

$$\mathbf{C} = \varGamma + \varrho l.$$

Da die Projektionsrichtung von der Richtung der Kurve $\Gamma$ verschieden sein muß, so ist $[l, \Gamma'] \neq 0$.

$$\text{Aus} \qquad \mathbf{C} \doteq \Gamma \qquad \text{folgt} \qquad \varrho \doteq 0.$$

Ist $\mu > 0$, also $\quad \mathbf{C}' \doteq \Gamma'$,

so folgt aus $\quad \mathbf{C}' \doteq \Gamma'\tau' + \varrho' l$,

oder $\quad [\mathbf{C}', \Gamma'] \doteq [\Gamma'\tau', \Gamma'] + \varrho'[l, \Gamma']$,

daß $\qquad \varrho'[l, \Gamma'] \doteq 0$,

also $\qquad \varrho' \doteq 0$ und $\quad \tau' \doteq 1$

sein muß. Die Projektion von $\mathbf{C}$ kann sich in diesem Falle nicht auf den Punkt $P$ reduzieren.

$$\text{Ist} \qquad \mathbf{C}'' \doteq \Gamma'',$$

so folgt aus $\quad \mathbf{C}'' \doteq \Gamma'' + \Gamma'\tau'' + \varrho'' l$,

daß $\qquad \varrho''[l, \Gamma'] \doteq 0$,

also $\qquad \varrho'' \doteq 0$ und $\quad \tau'' \doteq 0$

sein muß. Ebenso kann man weiter schließen bis zu

$$\mathbf{C}^{(\mu)} \doteq \Gamma^{(\mu)} + \Gamma'\tau^{(\mu)} + \varrho^{(\mu)} l,$$
$$\varrho^{(\mu)} \doteq 0 \qquad \tau^{(\mu)} \doteq 0.$$

Wir nehmen jetzt an, daß für zwei Kurven $\mathbf{C}$ und $\Gamma$ die Gleichungen

$$\varrho^{(\sigma)} \doteq 0 \qquad 0 \leqq \sigma \leqq \mu$$

erfüllt sind, wenn $\varrho$ durch (11) definiert wird. Es folgt zunächst:

$$(12) \qquad \mathbf{C}^{(\sigma)} \doteq \frac{d^\sigma \Gamma}{dt^\sigma} \qquad 0 \leqq \sigma \leqq \mu.$$

Es sei nun eine reguläre Ortsfunktion $f(\mathbf{x})$ gegeben, d. h. eine in der Umgebung von $P$ definierte reguläre Funktion der Koordinaten $\mathbf{x}$. Setzt man in diese Funktion entweder die Koordinaten $\mathbf{C}$ oder die Koordinaten $\Gamma$ ein und bildet die Ableitungen nach $t$, so erhält man

$$(13) \qquad f^{(\sigma)}(\mathbf{C}) \doteq \sum_i \frac{\partial f}{\partial x_i} \frac{d^\sigma \Gamma_i}{dt^\sigma} + \cdots \doteq f^{(\sigma)}(\Gamma) \qquad 1 \leqq \sigma \leqq \mu.$$

Setzt man in dieser Gleichung $f(\mathbf{x}) \equiv \tau(\mathbf{x})$, so folgt daraus wegen $\tau(\mathbf{C}) = t$:

$$\tau'(\boldsymbol{\Gamma}) \stackrel{.}{=} 1 \qquad \tau^{(\sigma)}(\boldsymbol{\Gamma}) \stackrel{.}{=} 0 \qquad 2 \leq \sigma \leq \mu \,,$$

und hieraus wegen (12):

$$\mathbf{C}^{(\sigma)} \stackrel{.}{=} \boldsymbol{\Gamma}^{(\sigma)} \qquad 0 \leq \sigma \leq \mu \,.$$

Die Kurven $\mathbf{C}$ und $\boldsymbol{\Gamma}$ berühren sich also in mindestens $\mu^{\text{ter}}$ Ordnung.

Hieraus folgt weiter, daß bei Berührung von genau $\mu^{\text{ter}}$ Ordnung $\varrho^{(\mu+1)} \neq 0$ sein muß, während aus dem früheren Resultat folgt, daß für $\varrho^{(\mu+1)} \neq 0$ die Berührung nicht von $(\mu+1)^{\text{ter}}$ Ordnung sein kann.

*Man kann also die Berührung $\mu^{\text{ter}}$ Ordnung auch durch das Verschwinden der Ableitungen von $\varrho$ definieren:*

$$\varrho^{(\sigma)} \stackrel{.}{=} 0 \qquad 0 \leq \sigma \leq \mu \,, \qquad \varrho^{(\mu+1)} \neq 0,$$

*oder auch durch*

$$\mathbf{C}^{(\sigma)} \stackrel{.}{=} \frac{d^{\sigma}\boldsymbol{\Gamma}}{dt^{\sigma}} \qquad \mathbf{C}^{(\mu+1)} \neq \frac{d^{\mu+1}\boldsymbol{\Gamma}}{dt^{\mu+1}} \,.$$

*Ist* $\qquad\qquad \mathbf{C}^{(\sigma)} \stackrel{.}{=} \boldsymbol{\Gamma}^{(\sigma)} \qquad 0 \leq \sigma \leq \mu$

*und* $\qquad\qquad [\mathbf{C}^{(\mu+1)} - \boldsymbol{\Gamma}^{(\mu+1)}, \, \boldsymbol{\Gamma}'] \stackrel{.}{=} 0 \,,$

*so ist die Berührung von mindestens $(\mu+1)^{\text{ter}}$ Ordnung.*

Es folgt nämlich $\varrho^{(\mu+1)} [l, \, \boldsymbol{\Gamma}'] \stackrel{.}{=} 0$, also

$$\varrho^{(\mu+1)} \stackrel{.}{=} 0 \ \text{ und } \ \mathbf{C}^{(\mu+1)} \stackrel{.}{=} \boldsymbol{\Gamma}^{(\mu+1)} \,.$$

10. Die Gleichung (13) enthält den Satz:

*Berühren sich zwei Kurven $\mathbf{C}$ und $\boldsymbol{\Gamma}$ in $\mu^{\text{ter}}$ Ordnung, und ist $\mathbf{C}$ irgendwie auf $\boldsymbol{\Gamma}$ projiziert, so stimmen die Ableitungen einer regulären Ortsfunktion $f(\mathbf{x})$ nach einem gemeinsamen Parameter für beide Kurven bis zur $\mu^{\text{ten}}$ Ordnung überein.*

Unter einem *gemeinsamen* Parameter ist dabei entweder ein als Ortsfunktion definierter zu verstehen ($\tau = \tau(\mathbf{x})$), oder ein solcher, der für die einander zugeordneten Punkte von $\mathbf{C}$ und $\boldsymbol{\Gamma}$ denselben Wert annimmt ($t$).

Wir werden diesen Satz öfters für den Fall verwenden, daß $f(\mathbf{x})$ ein System von mehreren Funktionen $f_1(\mathbf{x})$, $f_2(\mathbf{x})$, ..., $f_n(\mathbf{x})$ ist, die einzeln reguläre Ortsfunktionen sind. Setzt man z. B. $f_j(\mathbf{x}) \equiv y_j(\mathbf{x})$ (vgl. (1)), so sieht man, daß die Berührung $\mu^{ter}$ Ordnung vom Koordinatensystem unabhängig ist, denn die entsprechenden Ableitungen der Koordinaten $\mathbf{y}$ müssen für beide Kurven übereinstimmen.

Erhalten die beiden Kurven $\mathbf{C} = \mathbf{C}(t)$ und $\boldsymbol{\Gamma} = \boldsymbol{\Gamma}(\tau)$, die sich im Punkte $P$ in $\mu^{ter}$ Ordnung berühren, bei der Koordinatentransformation $\mathbf{y} = \mathbf{y}(\mathbf{x})$ die Gleichungen $\mathbf{C}^* = \mathbf{C}^*(t)$, $\boldsymbol{\Gamma}^* = \boldsymbol{\Gamma}^*(\tau)$, so besteht für die Differenz der $(\mu + 1)^{ten}$ Ableitungen die Beziehung:

$$C_j^{*(\mu+1)} - \Gamma_j^{*(\mu+1)} = \sum_i \frac{\partial y_j}{\partial x_i}\left(C_i^{(\mu+1)} - \Gamma_i^{(\mu+1)}\right).$$

Daraus folgt nach § 4, Gl. (7), daß der vom Berührungspunkt ausgehende Vektor $\mathbf{C}^{(\mu+1)} - \boldsymbol{\Gamma}^{(\mu+1)}$ nicht vom Koordinatensystem abhängt; sein Endpunkt ist ein fester Punkt des Raumes $T_n$.

Aus $\tau = \tau(\mathbf{C})$ und $\tau = \tau(\boldsymbol{\Gamma})$ folgt durch Differentiation nach $\tau$:

$$0 = \sum_i \frac{\partial \tau}{\partial x_i}\left(C_i^{(\mu+1)} - \Gamma_i^{(\mu+1)}\right).$$

Die Richtung $\mathbf{C}^{(\mu+1)} - \boldsymbol{\Gamma}^{(\mu+1)}$ gehört daher dem Raum $\tau = 0$ an (vgl. (8)). Der Vektor $\mathbf{C}^{(\mu+1)} - \boldsymbol{\Gamma}^{(\mu+1)}$ bleibt also nur bei Koordinaten-, nicht auch bei Parametertransformationen invariant.

Solche Vektoren von der Form $\mathbf{C}^{(\mu+1)} - \boldsymbol{\Gamma}^{(\mu+1)}$ werden im folgenden öfters auftreten.

**Verallgemeinerte Polarkoordinaten.** 11. Wir wollen noch einige Sätze über das Projizieren einer Kurve $\mathbf{C}$ auf einen $\nu$-dimensionalen Raum $R_\nu$ ableiten, wobei wir aber im Hinblick auf die späteren Anwendungen das Bestehen der Regularitätsbedingung (3) für den Raum $R_\nu$ nicht voraussetzen. Der Raum $R_\nu$ kann also gewisse Singularitäten haben; er soll jedoch im Punkte $P$ einen bestimmten $\nu$-dimensionalen linearen Tangentialraum $T_\nu$ besitzen und außerdem soll ihm eine reguläre, $(\nu - 1)$-parametrige Schar von Kurven angehören, von denen in jeder dem Raum $T_\nu$ angehörenden Richtung, wenigstens in der Umgebung einer bestimmten Richtung $\mathbf{c}_1$, genau eine vom Punkte $P$ ausgeht. Diese Kurven erfüllen ein etwa kegelförmiges $\nu$-dimensionales

Raumstück, welches im folgenden den Raum $R_\nu$ ersetzt. Man kann die Punkte dieses Raumstückes, deren Koordinaten mit $\xi$ bezeichnet seien, in folgender Weise durch Parameter darstellen:

$c_1, c_2, \ldots, c_\nu$ seien feste, vom Punkte $P$ ausgehende, unabhängige Vektoren, welche den Tangentialraum $T_\nu$ festlegen. $c_1$ soll dabei mit der oben erwähnten Richtung $c_1$ identisch sein. Jede von $P$ ausgehende Richtung $\xi'$ kann dann mit Hilfe von $\nu$ Parametern $\lambda_a$ in der Form

$$\xi' = \sum_{a=1}^{\nu} \lambda_a c_a$$

dargestellt werden. Jeder Punkt der von $P$ ausgehenden Kurvenschar ist durch die Anfangsrichtung der zugehörigen Kurve und durch den Wert des Parameters $\tau\,(x)$, also durch die $\nu + 1$ Parameter (oder „*Polarkoordinaten*") $\tau, \lambda_1, \lambda_2, \ldots, \lambda_\nu$ bestimmt:

$$\xi = \xi\,(\tau, \lambda_1, \lambda_2, \ldots, \lambda_\nu), \tag{14}$$

und zwar sind die Koordinaten $\xi$ *reguläre* Funktionen dieser Parameter. Die partiellen Ableitungen von $\xi$ seien durch untere Indizes angedeutet.

Die Parameter $\lambda_a$ sind längs jeder Kurve der gegebenen Schar konstant. Zwischen ihnen besteht eine Relation mit *konstanten* Koeffizienten, denn aus $\sum \tau_{x_i} \xi_i' = 1$ folgt

$$\sum_{i,a} \lambda_a c_{ai} \left(\tau_{x_i}\right)_0 = 1\,. \tag{15}$$

Diese Bedingung gilt unverändert auch für von $P$ verschiedene Punkte, man kann sie also längs beliebigen Kurven differenzieren und erhält für die Ableitungen der Parameter $\lambda_a$ die Relationen:

$$\sum_{i,a} \lambda_a^{(\mu)} c_{ai} \tau_{x_i} = \begin{cases} 1 & \mu = 0 \\ & \text{für} \\ 0 & \mu > 0 \end{cases}. \tag{16}$$

Für den Punkt $P$ gelten die Gleichungen:

$$\left.\begin{array}{ll} \xi_\tau = \sum\limits_{a=1}^{\nu} \lambda_a c_a & \xi_{\tau\lambda_a} = c_a \\[2ex] \xi_{\lambda_a} = \xi_{\lambda_a \lambda_\beta} \ldots = 0 & \xi_{\tau\lambda_a\lambda_\beta} \ldots = 0\,. \end{array}\right\} \tag{17}$$

Für $\tau = 0$ ist $\boldsymbol{\xi} = \mathbf{C}_0$. Setzt man

$$\frac{\lambda_\delta}{\lambda_1} = v_\delta \qquad \delta = 2, 3, \ldots, \nu,$$

so lassen sich die Größen $\dfrac{\boldsymbol{\xi} - \mathbf{C}_0}{\tau}$ für hinreichend kleine Werte von $\tau$ und $v_\delta$ als reguläre Funktionen dieser Parameter $\tau, v_2, \ldots, v_\nu$ darstellen. Für diejenige Parameterkurve, welche im Punkte $P$ die Richtung $\mathbf{c}_1$ besitzt, wird, falls die Länge des Vektors $\mathbf{c}_1$ passend gewählt ist, $\boldsymbol{\xi}_\tau \mp \mathbf{c}_1$ und $\lambda_1 = 1$, also

$$\lim_{\tau=0} \frac{1}{\tau}\, \boldsymbol{\xi}_{v_\delta} \mp \boldsymbol{\xi}_{\tau\lambda_\delta} \mp \mathbf{c}_\delta$$

und

$$\lim_{\tau=0} \left[ \frac{1}{\tau}\, \boldsymbol{\xi}_{v_2}, \ldots, \frac{1}{\tau}\, \boldsymbol{\xi}_{v_\nu} \right] = [\mathbf{c}_2, \ldots, \mathbf{c}_\nu] \neq 0.$$

Nun ist $\quad \dfrac{1}{\tau}\, \boldsymbol{\xi}_{v_\delta} = \dfrac{\partial}{\partial v_\delta} \left( \dfrac{\boldsymbol{\xi} - \mathbf{C}_0}{\tau} \right)$, also ist

$$\left[ \frac{\partial}{\partial v_2} \left( \frac{\boldsymbol{\xi} - \mathbf{C}_0}{\tau} \right), \ldots, \frac{\partial}{\partial v_\nu} \left( \frac{\boldsymbol{\xi} - \mathbf{C}_0}{\tau} \right) \right] \neq 0.$$

Man kann daher die Parameter $v_\delta$ für hinreichend kleine Werte von $\tau, v_2, \ldots, v_\nu$ als reguläre Funktionen der Größen $\dfrac{\boldsymbol{\xi} - \mathbf{C}_0}{\tau}$ darstellen. Diese Größen sind aber auf den durch $P$ gehenden Kurven reguläre Funktionen von $\tau$, daher sind auch die Parameter $v_\delta$ und damit auch $\lambda_1, \lambda_2, \ldots, \lambda_\nu$ in einem gewissen Bereich auf jeder durch $P$ gehenden regulären Kurve des Raumes $R_\nu$ reguläre Funktionen von $\tau$.

Umgekehrt erhält man aus (14) reguläre Kurven, wenn man die Parameter $\lambda_\alpha$ unter Berücksichtigung der Relation (15) gleich regulären Funktionen von $\tau$ setzt.

**Hilfssätze.** 12. Bei den folgenden Sätzen nehmen wir an, daß die Kurve $\mathbf{C}$ den Raum $R_\nu$ im Punkte $P$ trifft, daß sie aber diesem Raum nicht selbst angehört. Die betrachteten Kurven des Raumes

$R_\nu$ sollen sämtlich durch $P$ gehen, ihre Richtungen sollen der Umgebung von $\mathbf{c}_1$ angehören.

Die Sätze und Beweise bleiben richtig, wenn man auch den Punkt $P$ zu den Kurven des Raumes $R_\nu$ zählt und gemäß der Definition der Berührung (§ 9) annimmt, daß jede reguläre, durch $P$ gehende Kurve von $P$ in nullter Ordnung berührt wird. Die Sätze gelten dann allgemein für $\nu \geqq 0$ und $\mu \geqq 0$, auch wenn sich die Projektion von $\mathbf{C}$ auf den Punkt $P$ reduziert. Da die Koordinaten von $P$ konstant sind ($\boldsymbol{\xi} = \mathbf{C}_0$) und $\boldsymbol{\xi}' \overset{=}{\scriptscriptstyle\sigma} \sum \lambda_a \mathbf{c}_a$ sein soll, so ist für die „Kurve" $P$ $\lambda_1 = \cdots = \lambda_\nu = 0$ anzunehmen (die Relation (15) gilt nur für reguläre Kurven).

**Satz I.** *Berühren sich zwei Kurven $\boldsymbol{\Gamma}$ und $\bar{\boldsymbol{\Gamma}}$ des Raumes $R_\nu$ in $\mu^{ter}$ Ordnung, so gehört der Vektor $\boldsymbol{\Gamma}^{(\mu+1)} - \bar{\boldsymbol{\Gamma}}^{(\mu+1)}$ dem Tangential-raum $T_\nu$ an.*

Es ist wegen (14) und (17):

$$\boldsymbol{\Gamma}' - \bar{\boldsymbol{\Gamma}}' \overset{=}{\scriptscriptstyle\sigma} \sum_a \mathbf{c}_a \, (\lambda_a - \bar{\lambda}_a) \, .$$

Ist $\mu > 0$ und $\boldsymbol{\Gamma}' \overset{=}{\scriptscriptstyle\sigma} \bar{\boldsymbol{\Gamma}}' \overset{=}{\scriptscriptstyle\sigma} \mathbf{c}_1$, so erhält man

$$\boldsymbol{\Gamma}'' \overset{=}{\scriptscriptstyle\sigma} \boldsymbol{\xi}_{\tau\tau} + 2\sum \boldsymbol{\xi}_{\tau\lambda_a} \lambda'_a \overset{=}{\scriptscriptstyle\sigma} \boldsymbol{\xi}_{\tau\tau} + 2\sum \mathbf{c}_a \lambda'_a \, ,$$

also
$$\boldsymbol{\Gamma}'' - \bar{\boldsymbol{\Gamma}}'' \overset{=}{\scriptscriptstyle\sigma} 2 \sum \mathbf{c}_a \, (\lambda'_a - \bar{\lambda}'_a) \, .$$

Ist $\boldsymbol{\Gamma}'' \overset{=}{\scriptscriptstyle\sigma} \bar{\boldsymbol{\Gamma}}''$, so folgt $\lambda'_a \overset{=}{\scriptscriptstyle\sigma} \bar{\lambda}'_a$, also

$$\boldsymbol{\Gamma}''' - \bar{\boldsymbol{\Gamma}}''' \overset{=}{\scriptscriptstyle\sigma} 3 \sum \mathbf{c}_a (\lambda''_a - \bar{\lambda}''_a)$$

usw., schließlich

$$\boldsymbol{\Gamma}^{(\mu+1)} - \bar{\boldsymbol{\Gamma}}^{(\mu+1)} \overset{=}{\scriptscriptstyle\sigma} (\mu+1) \sum \mathbf{c}_a (\lambda_a^{(\mu)} - \bar{\lambda}_a^{(\mu)}),$$

d. h.
$$\left[ \boldsymbol{\Gamma}^{(\mu+1)} - \bar{\boldsymbol{\Gamma}}^{(\mu+1)}, \, (\nu) \right] \overset{=}{\scriptscriptstyle\sigma} 0.$$

**Satz II.** *Wird eine Kurve $\mathbf{C}$ auf einen Raum $R_\nu$ projiziert, so berührt sie alle ihre Projektionen $\boldsymbol{\Gamma}, \bar{\boldsymbol{\Gamma}}, \ldots$ in derselben Ordnung $\mu$.*

Man sagt dann, *die Kurve $\mathbf{C}$ berührt den Raum $R_\nu$ in $\mu^{ter}$ Ordnung.*

Es sei

$$\mathbf{C} = \boldsymbol{\Gamma} + \varrho\,l, \quad [l, (\nu)] \neq 0, \quad \varrho^{(\sigma)} \gtrless 0 \quad 0 \leqq \sigma \leqq \mu, \quad \varrho^{(\mu+1)} \neq 0,$$
$$\mathbf{C} = \overline{\boldsymbol{\Gamma}} + \bar{\varrho}\,\bar{l}, \quad [\bar{l}, (\nu)] \neq 0, \quad \bar{\varrho}^{(\bar{\sigma})} \gtrless 0 \quad 0 \leqq \bar{\sigma} \leqq \bar{\mu}, \quad \bar{\varrho}^{(\bar{\mu}+1)} \neq 0.$$

Wäre $\mu < \bar{\mu}$, so wäre

$$\mathbf{C}^{(\mu+1)} \gtrless \overline{\boldsymbol{\Gamma}}^{(\mu+1)} \gtrless \boldsymbol{\Gamma}^{(\mu+1)} + \boldsymbol{\Gamma}'\,\tau^{(\mu+1)} + \varrho^{(\mu+1)}\,l,{}^{1})$$

also $\qquad [\boldsymbol{\Gamma}'^{(\mu+1)} - \boldsymbol{\Gamma}^{(\mu+1)}, (\nu)] \gtrless \varrho^{(\mu+1)}[l, (\nu)] \neq 0,$

entgegen Satz I. Ebenso ist $\bar{\mu} < \mu$ unmöglich.

**Satz III.** *Wird eine Kurve* **C** *auf einen Raum* $R_\nu$ *projiziert, so gehört die Projektionsrichtung einem bestimmten* $(\nu + 1)$-*dimensionalen Raum* $T_{\nu+1}$ *an, welcher den Tangentialraum* $T_\nu$ *enthält.*

Die Kurve **C** berühre den Raum $R_\nu$ in $\mu^{ter}$ Ordnung. $\boldsymbol{\Gamma}$ sei eine bestimmte Projektion von **C**, $\overline{\boldsymbol{\Gamma}}$ eine zweite beliebige. Es ist

$$(18) \qquad \left\{ \begin{aligned} \mathbf{C}^{(\mu+1)} &\gtrless \boldsymbol{\Gamma}^{(\mu+1)} + \boldsymbol{\Gamma}'\,\tau^{(\mu+1)} + \varrho^{(\mu+1)}\,l \\ &\gtrless \overline{\boldsymbol{\Gamma}}^{(\mu+1)} + \overline{\boldsymbol{\Gamma}}'\,\bar{\tau}^{(\mu+1)} + \bar{\varrho}^{(\mu+1)}\,\bar{l}. \end{aligned} \right.$$

Daraus folgt

$$(19) \qquad [\bar{\varrho}^{(\mu+1)}\,\bar{l} - \varrho^{(\mu+1)}\,l, (\nu)] \gtrless [\overline{\boldsymbol{\Gamma}}'^{(\mu+1)} - \boldsymbol{\Gamma}^{(\mu+1)}, (\nu)] \gtrless 0.$$

Wird also der Vektor $l$ mit $\mathbf{c}_{\nu+1}$ bezeichnet, so genügt die Projektionsrichtung $\bar{l}$ der Gleichung:

$$[\bar{l}, (\nu + 1)] \gtrless 0.$$

Dieser Satz läßt sich bei Beachtung der Vorzeichen noch verschärfen. Der Raum $T_{\nu+1}$ wird nämlich durch den Tangentialraum $T_\nu$ in zwei Teile geteilt, und da nach (11) $\bar{\varrho}^{(\mu+1)} > 0$ und $\varrho^{(\mu+1)} > 0$ sein soll, so folgt aus (19), daß bei beliebigen Projektionen die Projektionsrichtungen stets nach derselben Hälfte des Raumes $T_{\nu+1}$ zeigen. Die in § 6 für den positiven Sinn der Projektionsrichtung getroffene Fest-

---

[1]) Für $\mu = 0$ ist in dieser Gleichung das erste Glied der rechten Seite zu streichen, ebenso in (18) und (20).

setzung hat also eine von der speziellen Projektion unabhängige Bedeutung. Jeder Vektor $\mathbf{v}$, für den

$$[\varrho_1\,\mathbf{v} - \varrho_2\,l,\,(\nu)] \equiv 0, \quad \varrho_1 > 0, \quad \varrho_2 > 0$$

ist, zeigt an, nach welcher Seite hin sich die Kurve $\mathbf{C}$ von dem Raum $R_\nu$ entfernt.

**Satz IV.** *Wenn die Kurve $\mathbf{C}$ den Raum $R_\nu$ längs $\mathbf{c}_1$ in $\mu^{ter}$ Ordnung berührt ($\mu > 0$), und die Projektionsrichtung in einer bestimmten, durch $\mathbf{c}_1$ gehenden Ebene $T_2$ bleibt, so berühren sich die zugehörigen Projektionen $\varGamma$, $\bar{\varGamma}$, ... in mindestens $(\mu + 1)^{ter}$ Ordnung.*

Aus $[\bar{l}, l, \mathbf{c}_1] \equiv 0$ folgt nämlich

$$\bar{\varrho}^{(\mu + 1)}\,\bar{l} - \varrho^{(\mu + 1)}\,l \equiv h\,l + k\,\mathbf{c}_1,$$

daraus folgt wegen (19):

$$h\,[l,\,(\nu)] \equiv 0, \text{ also } h = 0,$$

also ist wegen (18):

$$[\varGamma^{(\mu + 1)} - \bar{\varGamma}^{(\mu + 1)},\,\mathbf{c}_1] \equiv 0.$$

Dies bedeutet aber nach § 9 Berührung von mindestens $(\mu + 1)^{ter}$ Ordnung.

**Satz V.** *Wird eine Kurve $\mathbf{C}$ auf eine Kurve $\varGamma$ projiziert, die sie in $\mu^{ter}$ Ordnung berührt, so berührt sie jeden Raum $R_\nu$, der sowohl die Kurve $\varGamma$ als auch die Projektionsrichtung enthält, in mindestens $(\mu + 1)^{ter}$. Ordnung.*

$\bar{\varGamma}$ sei eine Projektion der Kurve $\mathbf{C}$ auf den Raum $R_\nu$, ferner sei

$$\mathbf{C} = \varGamma + \varrho\,l, \qquad \varrho^{(\sigma)} \equiv 0 \qquad 0 \leqq \sigma \leqq \mu, \qquad \varrho^{(\mu + 1)} \neq 0,$$

$$\mathbf{C} = \bar{\varGamma} + \bar{\varrho}\,\bar{l}, \qquad \bar{\varrho}^{(\bar{\sigma})} \equiv 0 \qquad 0 \leqq \bar{\sigma} \leqq \bar{\mu}.$$

Ist $\bar{\mu} \leqq \mu$, so ist

$$\left.\begin{aligned}
\mathbf{C}^{(\bar{\mu} + 1)} &\equiv \varGamma^{(\bar{\mu} + 1)} + \varGamma'\,\tau^{(\bar{\mu} + 1)} + \varrho^{(\bar{\mu} + 1)}\,l \\
&\equiv \bar{\varGamma}^{(\bar{\mu} + 1)} + \bar{\varGamma}'\,\bar{\tau}^{(\bar{\mu} + 1)} + \bar{\varrho}^{(\bar{\mu} + 1)}\,\bar{l}.
\end{aligned}\right\} \tag{20}$$

Daraus folgt $\bar{\varrho}^{(\bar{\mu} + 1)} \equiv 0$, denn der Raum $R_\nu$ enthält nach Satz I die Richtung $\varGamma^{(\bar{\mu} + 1)} - \bar{\varGamma}^{(\bar{\mu} + 1)}$, nach Voraussetzung auch die Richtung $l$

sowie die Richtungen $\boldsymbol{\Gamma'}$ und $\boldsymbol{\Gamma'}$, jedoch nicht die Richtung $\bar{l}$. Damit ist der Satz bewiesen.

Eine unmittelbare Folge von Satz V ist:

**Satz VI.** *Wird eine Kurve* **C** *auf einen Raum* $R_\nu$ *projiziert, den sie in* $\mu^{ter}$ *Ordnung berührt, so berührt sie jeden Raum* $R_{\nu+1}$, *der sowohl den Raum* $R_\nu$ *als auch die Projektionsrichtung enthält, in mindestens* $(\mu+1)^{ter}$ *Ordnung.*

**Existenz der Projektion.** 13. Es ist jetzt noch zu zeigen, daß es immer möglich ist, eine Kurve **C** durch eine reguläre Kurvenschar auf einen Raum $R_\nu$ zu projizieren, wenn die Projektionsrichtung den Anforderungen von § 6 und Satz III gemäß beliebig vorgegeben ist. Es ergibt sich dabei zugleich eine Methode, wie man den Raum $T_{\nu+1}$ von Satz III wirklich bestimmen, also einen von der speziellen Art des Projizierens unabhängigen Vektor $\mathbf{c}_{\nu+1}$ finden kann, der mit den Vektoren $\mathbf{c}_1, \ldots, \mathbf{c}_\nu$ zusammen diesen Raum bestimmt.

Der Raum $R_\nu$ sei wie bisher durch $\boldsymbol{\xi} = \boldsymbol{\xi}(\tau, \lambda_1, \ldots, \lambda_\nu)$ dargestellt. Die Kurve **C** treffe ihn im Punkte $P$, sie soll ihm aber nicht selbst angehören. Wir suchen zunächst eine Kurve des Raumes $R_\nu$, welche die Kurve **C** in möglichst hoher Ordnung berührt.

Es sei $\boldsymbol{\bar{\Gamma}} = \boldsymbol{\xi}(\tau, \bar{\lambda}_1(\tau), \ldots, \bar{\lambda}_\nu(\tau))$ eine beliebige Kurve des Raumes $R_\nu$, welche die Kurve **C** in $m^{ter}$ Ordnung berührt; für $m = 0$ soll aber $\boldsymbol{\bar{\Gamma}}$ mit $P$ identisch sein (vgl. S. 25).

Wenn

$$[\mathbf{C}^{(m+1)} - \boldsymbol{\bar{\Gamma}}^{(m+1)}, (\nu)] \overset{\cdot}{=} 0$$

ist, so gibt es $\nu$ Zahlen $\lambda_\alpha^{[m]}$, welche der Gleichung

$$\mathbf{C}^{(m+1)} - \boldsymbol{\bar{\Gamma}}^{(m+1)} \overset{\cdot}{=} (m+1) \sum_{\alpha=1}^{\nu} \mathbf{c}_\alpha \, \lambda_\alpha^{[m]}$$

genügen; sie erfüllen die Relation (16), denn aus $\tau = \tau(\mathbf{C})$ und $\tau = \tau(\boldsymbol{\Gamma})$ folgt für $m > 0$ durch Differentiation nach $\tau$

$$\sum_i (C_i^{(m+1)} - \bar{\Gamma}_i^{(m+1)}) \, \tau_{x_i} \overset{\cdot}{=} 0,$$

während für $m = 0$ $\boldsymbol{\Gamma} = 0$ und $\sum C_i' \, \tau_{x_i} \overset{\cdot}{=} 1$ ist.

Setzt man diese Zahlen $\lambda_a^{[m]}$ in die Gleichung

$$\lambda_a(\tau) = \bar{\lambda}_a(\tau) + \frac{\lambda_a^{[m]}}{m!}\,\tau^m \tag{21}$$

ein, so erfüllen die Funktionen $\lambda_a(\tau)$ die Relation (15) und man erhält eine Kurve $\boldsymbol{\Gamma} = \xi(\tau, \lambda_1(\tau), \ldots, \lambda_\nu(\tau))$, welche die Kurve $\mathbf{C}$ in $(m+1)^{\text{ter}}$ Ordnung berührt.

Es ist nämlich

$$\lambda_a^{(\sigma)} \underset{\sigma}{=} \bar{\lambda}_a^{(\sigma)} \quad \text{für} \quad \sigma \neq m,$$

$$\lambda_a^{(m)} \underset{\sigma}{=} \bar{\lambda}_a^{(m)} + \lambda_a^{[m]},$$

also wird, wie man durch Ausdifferenzieren erkennt (vgl. (17)):

$$\boldsymbol{\Gamma}^{(\sigma)} \underset{\sigma}{=} \overline{\boldsymbol{\Gamma}}^{(\sigma)} \underset{\sigma}{=} \mathbf{C}^{(\sigma)} \quad \text{für} \quad 0 \leq \sigma \leq m,$$

$$\boldsymbol{\Gamma}^{(m+1)} \underset{\sigma}{=} \overline{\boldsymbol{\Gamma}}^{(m+1)} + (m+1)\sum \xi_{\tau\lambda_a}\lambda_a^{[m]} \underset{\sigma}{=} \mathbf{C}^{(m+1)}.$$

Man kann also, vom Punkte $P$ ausgehend, welcher die Kurve $\mathbf{C}$ in nullter Ordnung berührt, eine Reihe von Kurven $\boldsymbol{\Gamma}_1, \boldsymbol{\Gamma}_2, \boldsymbol{\Gamma}_3, \ldots$ ableiten, welche die Kurve $\mathbf{C}$ in 1., 2., 3., $\ldots$ Ordnung berühren, bis man schließlich eine Kurve $\boldsymbol{\Gamma}_\mu$ erhält, für die

$$[\mathbf{C}^{(\mu+1)} - \boldsymbol{\Gamma}_\mu^{(\mu+1)},\ (\nu)] \neq 0$$

wird. Dies muß nach endlich vielen Schritten der Fall sein, sonst würde es im Raum $R_\nu$ eine Reihe von Kurven geben, welche die Kurve $\mathbf{C}$ in immer höherer Ordnung berühren, also als analytische Kurven gegen $\mathbf{C}$ konvergieren würden; dies ist aber nicht möglich, wenn die Kurve $\mathbf{C}$ dem Raum $R_\nu$ nicht angehört.

Die so gefundene Kurve $\boldsymbol{\Gamma}_\mu$ berührt die Kurve $\mathbf{C}$ in genau $\mu^{\text{ter}}$ Ordnung.

14. Wir setzen

$$\mathbf{C}^{(\mu+1)} - \boldsymbol{\Gamma}_\mu^{(\mu+1)} \underset{\sigma}{=} \mathbf{c}_{\nu+1}.$$

Dieser Vektor $\mathbf{c}_{\nu+1}$ ist eindeutig bestimmt und nach § 10 auch von der Wahl des Koordinatensystems unabhängig. Der lineare

Raum, den dieser Vektor $\mathbf{c}_{\nu+1}$ mit den Vektoren $\mathbf{c}_1, \mathbf{c}_2, \ldots, \mathbf{c}_\nu$ zusammen bestimmt, ist, wie aus dem folgenden hervorgeht, mit dem Raum $T_{\nu+1}$ identisch, dem nach Satz III die Projektionsrichtung angehören muß.

Es sei für die Projektionsrichtung ein Vektor $l$ vorgeschrieben, der den Bedingungen $[l, (\nu)] \neq 0$, $[l, (\nu+1)] = 0$ genügt. Wir nehmen zunächst an, daß $\mu > 0$, also $[\mathbf{C}', (\nu)] \equiv 0$ ist; ferner sei $\Gamma_\mu = \xi(\tau, \bar{\lambda}_1(\tau), \ldots, \bar{\lambda}_\nu(\tau))$.

Aus der Gleichung

$$(22) \quad \mathbf{c}_{\nu+1} \equiv \mathbf{C}^{(\mu+1)} - \Gamma_\mu^{(\mu+1)} \equiv (\mu+1) \sum_{a=1}^{\nu} \mathbf{c}_a \lambda_a^{[\mu]} + \mathbf{C}' \tau^{(\mu+1)} + \varrho^{(\mu+1)} l$$

berechne man unter Berücksichtigung der Relation (16) die Größen $\lambda_a^{[\mu]}$, $\tau^{(\mu+1)}$ und $\varrho^{(\mu+1)}$; es wird $\varrho^{(\mu+1)} \neq 0$. Setzt man die gefundenen Größen $\lambda_a^{[\mu]}$ in die Gleichung

$$\lambda_a(\tau) = \bar{\lambda}_a(\tau) + \frac{\lambda_a^{[\mu]}}{\mu!} \tau^\mu$$

ein, so erhält man, wie wir zeigen werden, in $\Gamma = \xi(\tau, \lambda_1(\tau), \ldots, \lambda_\nu(\tau))$ eine Projektion der Kurve $\mathbf{C}$. Da

$$\Gamma^{(\mu+1)} \equiv \Gamma_\mu^{(\mu+1)} + (\mu+1) \sum \xi_{\tau \lambda_a} \lambda_a^{[\mu]}$$

wird, so ist wegen (22) und (17):

$$(23) \qquad \mathbf{C}^{(\mu+1)} - \Gamma^{(\mu+1)} \equiv \mathbf{C}' \tau^{(\mu+1)} + \varrho^{(\mu+1)} l \neq 0.$$

Die Projektion $\Gamma$ berührt also die Kurve $\mathbf{C}$ ebenfalls in genau $\mu^{\text{ter}}$ Ordnung.

Ist $\mu = 0$, so wird $\mathbf{c}_{\nu+1} \equiv \mathbf{C}'$. Man berechne in diesem Falle die Größen $\lambda_a^{[0]}, \tau', \varrho'$ mit Hilfe von (16) aus

$$\mathbf{C}' \equiv \tau' \sum \mathbf{c}_a \lambda_a^{[0]} + \varrho' l$$

und findet in $\Gamma = \xi(\tau, \lambda_1^{[0]}, \ldots, \lambda_\nu^{[0]})$ eine Projektion von $\mathbf{C}$. Es wird (vgl. (17)):

$$\Gamma' \equiv \xi_\tau \equiv \sum \mathbf{c}_a \lambda_a^{[0]},$$

also

$$(24) \qquad \mathbf{C}' - \Gamma' \tau' \equiv \varrho' l \neq 0.$$

Um zu zeigen, daß $\boldsymbol{\Gamma}$ (für $\mu \geqq 0$) wirklich eine Projektion von **C** darstellt, geben wir eine zugehörige Schar von Projektionsstrahlen an:

$$\mathfrak{S}(\mathfrak{z}, t) = \boldsymbol{\Gamma}(\tau) + \frac{\mathfrak{z}}{t^{\mu+1}} (\mathbf{C}(t) - \boldsymbol{\Gamma}(\tau)).$$

Dabei ist $\tau$ als Funktion von $t$ zu betrachten, und zwar ist

für $\mu > 0$ $\qquad\qquad \tau(t) = t + \dfrac{\tau^{(\mu+1)}}{(\mu+1)!}\, t^{\mu+1},$

für $\mu = 0$ $\qquad\qquad \tau(t) = \tau' t$

zu setzen, wobei $\tau^{(\mu+1)}$ bezw. $\tau'$ den berechneten Wert hat. Für konstante Werte von $t$ erhält man die einzelnen Kurven, welche **C** mit $\boldsymbol{\Gamma}$ verbinden; es wird

$$\mathfrak{S}(0, t) = \boldsymbol{\Gamma}(\tau) \qquad \mathfrak{S}(t^{\mu+1}, t) = \mathbf{C}(t).$$

Für $\lim t = 0$ erhält man die Grenzkurve

$$\mathfrak{S}(\mathfrak{z}, 0) = \mathbf{C}_0 + \frac{\mathfrak{z}}{(\mu+1)!} (\mathbf{C}^{(\mu+1)} - \boldsymbol{\Gamma}^{(\mu+1)} - \boldsymbol{\Gamma}'\, \tau^{(\mu+1)}) \quad \text{für } \mu > 0,$$

$$\mathfrak{S}(\mathfrak{z}, 0) = \mathbf{C}_0 + \mathfrak{z}(\mathbf{C}' - \boldsymbol{\Gamma}'\, \tau') \qquad\qquad\qquad \text{für } \mu = 0.$$

Die Richtung der Grenzkurve im Punkte $P$ ist

$$\mathbf{C}^{(\mu+1)} - \boldsymbol{\Gamma}^{(\mu+1)} - \boldsymbol{\Gamma}'\tau^{(\mu+1)} \text{ bezw. } \mathbf{C}' - \boldsymbol{\Gamma}'\, \tau',$$

sie stimmt also wegen (23) bezw. (24) mit der geforderten Projektionsrichtung überein. Der positive Sinn genügt der Festsetzung von § 6.

Die Dimension des Raumes $R_\nu$ war beliebig. Für $\nu = 1$ ist der Raum $R_\nu$ eine Kurve, deren Richtung im Punkte $P$ gleich $\mathbf{c}_1$ ist, während $\lambda_1 = 1$ wird. Für $\nu = 0$ ist die Kurve **C** auf den Punkt $P$ zu projizieren; die angegebene Schar von Projektionsstrahlen wird hierbei:

$$\mathfrak{S}(\mathfrak{z}, t) = \mathbf{C}_0 + \frac{\mathfrak{z}}{t} (\mathbf{C}(t) - \mathbf{C}_0),$$

man kann aber auch sämtliche Projektionsstrahlen mit der Kurve **C** zusammenfallen lassen. Die Projektionsrichtung ist für $\nu = 0$ stets mit der Richtung der Kurve **C** identisch (vgl. § 31).

---

# III. Die Längenmessung.

**Bogenlänge und Indikatrix.** 15. In einer Umgebung der vom Punkte $P$ ausgehenden Richtung $\mathbf{p}_0$ sei auf jedem Linienelement des Raumes $R_n$ ein Vektor gegeben, dessen Richtungssinn mit dem des Linienelements übereinstimmt.

Jedem Punkt einer Kurve $\mathbf{x} = \mathbf{x}(t)$ hatten wir in § 4 den Vektor $\mathbf{x}' = \dfrac{d\mathbf{x}}{dt}$ zugeordnet, dessen Länge von der Parameterdarstellung abhängig war. Wir wollen jetzt für beliebige Kurven einen solchen Parameter $s$ bestimmen, daß die zugehörigen Vektoren $\dfrac{d\mathbf{x}}{ds}$ mit den vorgelegten Vektoren identisch sind. Dieser Parameter $s$ hat dann invariante Bedeutung, wir nennen ihn die *Bogenlänge* der Kurve.

Die Linienelemente der Kurven, auf denen Längen gemessen werden, sollen stets der Umgebung der Richtung $\mathbf{p}_0$ angehören.

Ist eine Kurve in beliebiger Parameterdarstellung gegeben, $\mathbf{x} = \mathbf{x}(t)$, so ist

$$\mathbf{x}' = \frac{d\mathbf{x}}{ds}\frac{ds}{dt}.$$

Da der Vektor $\dfrac{d\mathbf{x}}{ds}$ für jedes Linienelement bekannt ist, so ist auch

$$\sqrt{\sum\left(\frac{dx_i}{ds}\right)^2} = \varphi(\mathbf{x}, \mathbf{x}')$$

eine bekannte Funktion von $\mathbf{x}$ und $\mathbf{x}'$, die sich nicht ändert, wenn $\mathbf{x}'$ mit einer positiven Zahl $k$ multipliziert wird, denn die Größen $(\mathbf{x}, k\mathbf{x}')$ bestimmen dasselbe Linienelement wie $(\mathbf{x}, \mathbf{x}')$. Definiert man nun die Funktion $F(\mathbf{x}, \mathbf{x}')$ durch die Gleichung

$$F(\mathbf{x}, \mathbf{x}') = \sqrt{\sum x_i'^2}\,\frac{1}{\varphi(\mathbf{x}, \mathbf{x}')},$$

wobei $F$ positiv zu nehmen ist, so wird

$$\frac{ds}{dt} = F(\mathbf{x}, \mathbf{x}') \qquad s = \int_{t_0}^{t} F(\mathbf{x}, \mathbf{x}')\, dt \,. \tag{25}$$

Die Länge einer Kurve wird also durch dieses Integral gemessen, sie ist durch die vorgelegten Vektoren bis auf eine additive Konstante eindeutig bestimmt. Die Funktion $F(\mathbf{x}, \mathbf{x}')$ setzen wir in der Umgebung von $\mathbf{p}_0$ als analytisch regulär voraus; aus ihrer Definition folgt, daß sie für jede positive Zahl $k$ der Gleichung genügt

$$F(\mathbf{x}, k\mathbf{x}') = k\, F(\mathbf{x}, \mathbf{x}') \,. \tag{26}$$

Die Endpunkte der gegebenen Vektoren bestimmen in jedem Raum $T_n$ eine Hyperfläche, welche nach Carathéodory[1]) die *Indikatrix* des Variationsproblems $\delta s = 0$ heißt. Ihre Gleichung ist

$$F(\mathbf{x}, \mathbf{X}) = 1 \,, \tag{27}$$

denn aus (25) folgt für $t = s$:

$$F\!\left(\mathbf{x}, \frac{d\mathbf{x}}{ds}\right) = 1 \,.$$

Derjenige Punkt der Indikatrix, welcher durch einen vom Grundpunkt ausgehenden Vektor $\mathbf{p}$ angezeigt wird, möge der Punkt $\mathbf{p}$ der Indikatrix heißen.

Da sich jeder Raum $T_n$ bei beliebigen Punkttransformationen des Raumes $R_n$ affin transformiert, so folgt z. B., daß konjugierte Tangenten an die Indikatrix in ebensolche übergehen (vgl. § 24).

Schreibt man ferner den vorgelegten Vektoren $\dfrac{d\mathbf{x}}{ds}$, also den Radien der Indikatrix, die Länge 1 zu, so kann man einem Vektor von der Form $k\,\dfrac{d\mathbf{x}}{ds}$ die Länge $k$ beilegen. Ein Vektor, der vom Grundpunkt $(\mathbf{x}, \mathbf{0})$ zum Punkt $(\mathbf{x}, \mathbf{X})$ führt, erhält dabei wegen (26) die Länge $F(\mathbf{x}, \mathbf{X})$.

[1]) *C. Carathéodory*: Über die diskontinuierlichen Lösungen in der Variationsrechnung. Dissertation (Göttingen 1904) S. 69. Über die starken Maxima und Minima bei einfachen Integralen. Mathematische Annalen Bd. 62, S. 456.

**Die Funktionen $F_1$, $\Phi$, $E$.** 16. Differenziert[1]) man die Relation

$$F(\mathbf{x}, k\mathbf{x}') = k\,F(\mathbf{x}, \mathbf{x}') \qquad (k > 0)$$

nach $k$ und setzt $k = 1$, so folgt

$$(28) \qquad \sum_i x_i'\,F_{x_i'} = F,$$

daraus durch Differentiation nach $x_j$ bezw. $x_j'$:

$$(29) \qquad \sum_i x_i'\,F_{x_i'\,x_j} = F_{x_j} \qquad\qquad \sum_i x_i'\,F_{x_i'\,x_j'} = 0\,.$$

Ferner gilt für $k > 0$:

$$(30) \qquad F_{x_j'}(\mathbf{x}, k\mathbf{x}') = F_{x_j'}(\mathbf{x}, \mathbf{x}')\,, \qquad F_{x_i'\,x_j'}(\mathbf{x}, k\mathbf{x}') = \frac{1}{k}\,F_{x_i'\,x_j'}(\mathbf{x}, \mathbf{x}')\,.$$

Ist $A_{ij}$ das algebraische Komplement von $F_{x_i'\,x_j'}$ in der Determinante $\left|\,F_{x_i'\,x_j'}\,\right|$, so folgt aus $\displaystyle\sum_i x_i'\,F_{x_i'\,x_j'} = 0$, $j = 1, 2, \ldots, n$:

$$x_1' : x_2' : \cdots : x_n' = A_{j1} : A_{j2} : \cdots : A_{jn}\,.$$

Die Zeilen und Spalten der aus den Produkten $x_i' x_j'$ gebildeten Matrix sind daher proportional zu den entsprechenden Zeilen und Spalten der Matrix $\|A_{ij}\|$; es existiert also eine Funktion $F_1$, welche den Gleichungen

$$(31) \qquad x_i'\,x_j'\,F_1 = A_{ij}$$

genügt und in folgender Form dargestellt werden kann:

$$F_1 = \frac{-1}{\left(\sum x_i'^2\right)^2}\,\begin{vmatrix} F_{x_1'\,x_1'} & \cdots & F_{x_1'\,x_n'} & x_1' \\ \cdots & \cdots & \cdots & \cdots \\ F_{x_n'\,x_1'} & \cdots & F_{x_n'\,x_n'} & x_n' \\ x_1' & \cdots & x_n' & 0 \end{vmatrix}\,.$$

Wir nehmen $F_1(\mathbf{p}_0) \neq 0$ an (s. auch § 21), so daß das Variationsproblem $\delta s = 0$ in der Umgebung des Linienelementes $\mathbf{p}_0$ regulär[2]) ist.

---

[1]) Vgl. *O. Bolza*: Vorlesungen über Variationsrechnung (Leipzig 1909), S. 196, und

*M. Mason* and *G. A. Bliss*: The properties of curves in space, which minimize a definite integral. Transactions of the American Mathematical Society, Bd. 9 (1908), S. 441.

[2]) Vgl. *Bolza* l. c. S. 214.

17. Eine wichtige Funktion, die von dem Vektor

$$\mathbf{x}' \equiv \mathbf{p}$$

und von zwei beliebigen, vom Punkt $\mathbf{x}$ ausgehenden Vektoren $\mathbf{u}$ und $\mathbf{v}$ abhängt, ist[1]:

$$\Phi(\mathbf{u}, \mathbf{v}) = \sum_{ij} u_i\, v_j\, F_{p_i p_j}$$

$$\Phi(\mathbf{u}) = \Phi(\mathbf{u}, \mathbf{u}) = \sum_{ij} u_i\, u_j\, F_{p_i p_j}\,.$$

Die Funktion $\Phi$ genügt nach ihrer Definition und der Gleichung $\sum p_i F_{p_i p_j} = 0$ folgenden Relationen:

$$\left.\begin{aligned}
\Phi(\mathbf{u}, \mathbf{v}) &= \Phi(\mathbf{v}, \mathbf{u})\\
\Phi(\mathbf{u}, \lambda\mathbf{v} + \mu\mathbf{w}) &= \lambda\,\Phi(\mathbf{u}, \mathbf{v}) + \mu\,\Phi(\mathbf{u}, \mathbf{w})\\
\Phi(\mathbf{u}) + \Phi(\mathbf{v}) - 2\,\Phi(\mathbf{u}, \mathbf{v}) &= \Phi(\mathbf{u} - \mathbf{v})\\
\Phi(\mathbf{u}, \mathbf{p}) = 0 \qquad \Phi(\mathbf{u} + \lambda\mathbf{p}) &= \Phi(\mathbf{u})
\end{aligned}\right\} \qquad (32)$$

Das Vorzeichen der Funktion $\Phi(\mathbf{u})$ ist, wenn $[\mathbf{u}, \mathbf{p}] \neq 0$ ist, für $n = 2$ gleich demjenigen der Funktion $F_1(\mathbf{p})$, denn es ist in diesem Falle:

$$\Phi(\mathbf{u}) = (u_1 p_2 - u_2 p_1)^2\, F_1.$$

Daraus folgt[2], daß für $n = 2$ die Indikatrix im Punkte $\mathbf{p}$ gegen den Grundpunkt zu konkav oder konvex gekrümmt ist, je nachdem $\Phi(\mathbf{u}) > 0$ oder $\Phi(\mathbf{u}) < 0$ ist. Dies gilt auch bei beliebigem $n$ für die Schnittlinie der Indikatrix mit der $X_1 X_2$-Ebene, wenn die Vektoren $\mathbf{p}$ und $\mathbf{u}$ in dieser Ebene liegen, denn die Funktion $\Phi(\mathbf{u})$ hängt dann nur von der Gestalt dieser Schnittlinie ab, ist also von $n$ unabhängig. Da aber das Vorzeichen von $\Phi(\mathbf{u})$ invariante Bedeutung hat, wie zum Beispiel aus Gleichung (39) § 20 folgt, so gilt allgemein das Resultat:

*Die Schnittlinie der Indikatrix mit der Ebene der beiden Vektoren $\mathbf{p}$ und $\mathbf{u}$ ist im Punkte $\mathbf{p}$ gegen den Grundpunkt zu konkav oder konvex gekrümmt, je nachdem $\Phi(\mathbf{u}) > 0$ oder $\Phi(\mathbf{u}) < 0$ ist.*

---

[1] Vgl. *G. A. Bliss*: The Weierstraß $E$-function for problems of the calculus of variations in space. Transactions of the Mathematical Society. Bd. 15 (1914), S. 377.

[2] *Bolza* l. c. S. 248.

18. Eine Richtung $\mathbf{q}$ ist zu einer Richtung $\mathbf{p}$ *transversal*, wenn der Vektor $\mathbf{q}$ parallel zu einer im Punkte $\mathbf{p}$ an die Indikatrix gelegten Tangente verläuft[1]). Die Gleichung dafür lautet (vgl. (27) und (8)):

$$\sum q_i F_{p_i} = 0 \,.$$

Der Vektor $\mathbf{q}$ ist dann stets von $\mathbf{p}$ verschieden, da $\sum p_i F_{p_i} = F \neq 0$ ist.

Ein Raum $R_\nu$ ist zu einer Richtung $\mathbf{p}$ transversal, wenn jede Richtung des zugehörigen Tangentialraums $T_\nu$ zu $\mathbf{p}$ transversal ist.

Die Weierstraßsche *E-Funktion*[2]) lautet für die Richtungen $\mathbf{p}$ und $\mathbf{q}$:

$$(33) \qquad E(\mathbf{p}, \mathbf{q}) = F(\mathbf{q}) - \sum q_i F_{p_i} \,.$$

Wegen

$$F(\mathbf{q}) = F(\mathbf{p}) + \sum_i (q_i - p_i) F_{p_i}$$
$$+ \frac{1}{2} \sum_{ij} (q_i - p_i)(q_j - p_j) F_{x_i' x_j'} \left(\mathbf{p} + \vartheta_{ij}(\mathbf{q} - \mathbf{p})\right) \quad 0 < \vartheta_{ij} < 1$$

läßt sich die $E$-Funktion auch in folgender Form schreiben:

$$(34) \qquad E(\mathbf{p}, \mathbf{q}) = \frac{1}{2}\, \Phi(\mathbf{q} - \mathbf{p}) \cdot (1 + \delta) \qquad \lim_{\mathbf{q} = \mathbf{p}} \delta = 0 \,.$$

**Die Extremalen.** 19. Die *Extremalen* des Variationsproblems $\delta s = 0$ sind diejenigen Kurven, welche den Lagrangeschen Differentialgleichungen[3]) genügen:

$$(35) \qquad \frac{d}{d\tau} F_{x_j'} - F_{x_j} = 0 \qquad j = 1, 2, \ldots, n \,.$$

Sie gehen bei Punkttransformationen in die Extremalen des transformierten Problems über. Die Koordinaten der Punkte von Extremalen bezeichnen wir mit $\xi$; der Parameter für diese Kurven sei als Ortsfunktion definiert: $\tau = \tau(\mathbf{x})$.

Die Gleichungen (35) lauten ausführlicher:

$$(36) \qquad \sum_i F_{x_j' x_i'} \xi_i'' + \sum_i F_{x_j' x_i} \xi_i' - F_{x_j} = 0 \qquad j = 1, 2, \ldots, n \,.$$

---

[1]) *Carathéodory*: Dissertation S. 70, Math. Ann. 62, S. 459.
[2]) *Bliss* l. c. S. 377.
[3]) *Mason-Bliss* l. c. S. 443. *Bolza* l. c. S. 542, 576.

Sie sind nicht von einander unabhängig, denn aus (29) folgt die Identität:

$$\sum_i \left( \frac{d}{d\tau} F_{x_i'} - F_{x_i} \right) \xi_i' = 0 \,.$$

Ersetzt man aber, falls $\xi_k' \neq 0$ ist, die $k^{\text{te}}$ der $n$ Gleichungen (36) durch die Gleichung

$$\frac{d^2 \tau(\xi)}{d\tau^2} \equiv \sum_i \tau_{x_i} \xi_i'' + \sum_{ij} \tau_{x_i x_j} \xi_i' \xi_j' = 0 \,,$$

so kann man das entstehende System nach den Ableitungen $\xi_i''$ auflösen. Die Determinante der Koeffizienten von $\xi_i''$ hat nämlich den Wert $\sum_i \tau_{x_i} A_{ik}$, wenn $A_{ik}$ das algebraische Komplement von $F_{x_i' x_k'}$ in der Determinante $\left| F_{x_i' x_j'} \right|$ bedeutet; sie ist von Null verschieden, denn aus (31) und $\sum \tau_{x_i} \xi_i' = 1$ folgt

$$\sum_i \tau_{x_i} A_{ik} = \sum_i \tau_{x_i} \xi_i' \xi_k' F_1 = \xi_k' F_1 \neq 0 \,.$$

Die Ableitungen $\xi''$ lassen sich also in der Umgebung von $\mathfrak{p}_0$ als Funktion von $\boldsymbol{\xi}$ und $\boldsymbol{\xi}'$ darstellen:

$$\boldsymbol{\xi}'' = \chi (\boldsymbol{\xi}, \boldsymbol{\xi}') \,.$$

Daraus ergeben sich durch Differentiation die höheren Ableitungen:

$$\boldsymbol{\xi}''' = \chi' (\boldsymbol{\xi}, \boldsymbol{\xi}') , \qquad \boldsymbol{\xi}'''' = \chi'' (\boldsymbol{\xi}, \boldsymbol{\xi}') , \ldots \,.$$

Diese Funktionen hängen ebenfalls nur von $\boldsymbol{\xi}$ und $\boldsymbol{\xi}'$ ab; die höheren Ableitungen sind aus den vorhergehenden Gleichungen eingesetzt zu denken. In der Umgebung von $\mathfrak{p}_0$ wird daher durch jedes Linienelement $\boldsymbol{\xi}, \boldsymbol{\xi}'$ genau eine Extremale $\boldsymbol{\xi} = \boldsymbol{\xi}(\tau)$ bestimmt.

Für $k > 0$ ist

$$k^2 \boldsymbol{\xi}'' = \chi (\boldsymbol{\xi}, k \boldsymbol{\xi}') \,,$$

denn die Gleichungen (36) bleiben wegen (30) und (26) erfüllt, wenn die Größen $\boldsymbol{\xi}'$ und $\boldsymbol{\xi}''$ bezw. durch $k \boldsymbol{\xi}'$ und $k^2 \boldsymbol{\xi}''$ ersetzt werden.

Die Extremalen vertreten im folgenden die Stelle der geraden Linien der gewöhnlichen Geometrie. So ist z. B. unter einer *Sehne* einer Kurve eine Extremale zu verstehen, welche zwei Punkte der Kurve verbindet. Zwei hinreichend benachbarte Punkte einer Kurve kann man stets durch eine eindeutig bestimmte Sehne verbinden, wenn die Richtung der Kurve der Umgebung von $\mathfrak{p}_0$ angehört.

Eine Extremale, welche eine Kurve berührt, heißt eine *Tangente* dieser Kurve. Diejenigen Extremalen, welche einen Raum $R_\nu$ in einem seiner Punkte berühren, bilden einen $\nu$-dimensionalen *Tangentialraum* $T_\nu$. Ein solcher Raum $T_\nu$ kann auch durch einen linearen Raum $T_\nu$ oder durch $\nu$ unabhängige, von einem Punkt $A$ ausgehende Vektoren $\mathfrak{c}_1, \mathfrak{c}_2, \ldots, \mathfrak{c}_\nu$ bestimmt werden. Er braucht in diesem Punkt $A$, seinem Grundpunkt, nicht regulär zu sein, er genügt aber den Anforderungen, die wir in § 11 an den Raum $R_\nu$ gestellt hatten. Er kann also wie dieser in der Form

$$\xi = \xi(\tau, \lambda_1, \ldots, \lambda_\nu)$$

dargestellt werden, wobei man für die Parameterlinien $\lambda = \text{const.}$ die Extremalen nehmen kann, so daß die partiellen Ableitungen von $\xi$ nach $\tau$ mit den entsprechenden totalen Ableitungen für die Extremalen übereinstimmen und aus den Gleichungen

$$\xi' = \sum_{a=1}^{\nu} \lambda_a \mathfrak{c}_a, \qquad \xi'' = \chi(\xi, \xi')$$

entnommen werden können.

---

## IV. Die Winkelmessung.

---

**Der Winkel zwischen zwei Kurven.** 20. Treffen sich zwei Kurven $C$ und $\Gamma$ des Raumes $R_n$ im Punkte $P$, so kann man den Winkel $\varphi$, den $C$ mit $\Gamma$ bildet, folgendermaßen definieren[1]:

---

[1] Andere Definitionen des Winkels geben

*G. A. Bliss*: A generalization of the notion of angle. Transactions of the American Mathematical Society. Bd. 7 (1906), S. 184, und

*G. Landsberg*: Über die Krümmung in der Variationsrechnung. Mathematische Annalen. Bd. 65 (1908), S. 337. Die Definition des Herrn Landsberg liefert für kleine Winkel bis auf Größen zweiter Ordnung dasselbe Resultat, wie die im Text angegebene.

Die Kurve **C** werde transversal auf die Kurve $\Gamma$ projiziert (d. h. die Projektionsrichtung in $P$ soll zur Kurve $\Gamma$ transversal sein). Auf der Kurve **C** sei ein Stück $PA$ von der Länge $a$ abgetragen, die Projektion $PB$ desselben auf der Kurve $\Gamma$ besitze die Länge $b$. Dann sei $\cos\varphi$ durch die Gleichung definiert:

$$\cos\varphi = \lim_{a=0} \frac{b}{a}\,.$$

Daraus ergibt sich auch der Winkel $\varphi$ selbst; man nehme den absoluten Betrag desselben möglichst klein an, während das Vorzeichen von $\varphi$ willkürlich bleibt.

Sind $\mathbf{C}=\mathbf{C}\,(t)$, $\Gamma=\Gamma(\tau)$ die Gleichungen der beiden Kurven, so wird

$$\cos\varphi = \lim_{t=0} \frac{\int_0^{\tau(t)} F(\Gamma, \Gamma')\,d\tau}{\int_0^{t} F(\mathbf{C}, \mathbf{C}')\,dt} \circeq \frac{F(\mathbf{p})\,\tau'}{F(\mathbf{q})}\,,$$

wenn

$$\Gamma' \circeq \mathbf{p} \qquad \mathbf{C}' \circeq \mathbf{q}$$

gesetzt wird. Ist wie früher

$$\mathbf{C} = \Gamma + \varrho\,l\,,$$

so lautet die Transversalitätsbedingung:

$$\sum l_i\,F_{p_i} \circeq 0\,.$$

Aus

$$\mathbf{C}' \circeq \Gamma'\tau' + \varrho'\,l$$

erhält man also wegen $\sum p_i\,F_{p_i} \circeq F(\mathbf{p})$:

$$\sum q_i\,F_{p_i} \circeq F(\mathbf{p})\,\tau'\,,$$

daher ist

$$\cos\varphi = \frac{\sum q_i\,F_{p_i}}{F(\mathbf{q})}\,, \tag{37}$$

$$1 - \cos\varphi = \frac{E(\mathbf{p}, \mathbf{q})}{F(\mathbf{q})}\,.[1] \tag{38}$$

---

[1] Vgl. die von Herrn *Carathéodory* angegebene geometrische Deutung dieser Größe an der Indikatrix:

*C. Carathéodory*: Sur les points singuliers du problème du calcul des variations dans le plan. Annali di Matematica Ser. III, Bd. 21 (1913), § 2. *Bolza* l. c. S. 247

Durch Reihenentwicklung dieser Ausdrücke findet man (vgl. (34)):

$$(39) \qquad \varphi^2 = \frac{\Phi(\mathbf{q} - \mathbf{p})}{F(\mathbf{p})}\,(1 + \delta) \qquad \lim_{\mathbf{q}=\mathbf{p}} \delta = 0\,.$$

**Realität der Winkel.** 21. Da wir nur *reelle* Funktionen betrachten wollen, so nehmen wir an, daß

$$\varphi^2 \geqq 0$$

ist, wenn die Richtungen $\mathbf{p}$ und $\mathbf{q}$ der Umgebung von $\mathbf{p}_0$ angehören. Die quadratische Form $\Phi(\mathbf{u})$ muß dann *positiv definit* bezw. semidefinit sein. Da $F_1 \neq 0$ angenommen wurde, so folgt aus (31), daß mindestens eine der Größen $A_{ij}$ von Null verschieden und folglich der Rang der Form $\Phi(\mathbf{u})$ gleich $n - 1$ ist, sie verschwindet nur[1]) für $[\mathbf{u}, \mathbf{p}] = 0$.

Daraus folgt, daß der Winkel $\varphi$ zwischen zwei Kurven nur dann gleich Null ist, wenn sich die Kurven berühren (vgl. § 9, S. 21). Wenn sich zwei Kurven $\mathbf{C}$ und $\varGamma$ in mindestens $\mu^{\text{ter}}$ Ordnung berühren und es ist $\Phi(\mathbf{C}^{(\mu + 1)} - \varGamma^{(\mu + 1)}) \neq 0$, so folgt ebenso $\mathbf{C}^{(\mu + 1)} \neq \varGamma^{(\mu + 1)}$.

Aus $\Phi(\mathbf{u}) \geqq 0$ folgt weiter, daß die *Extremalen* in der Umgebung eines Punktes die *kürzesten Linien* sind. Man kann dies aus der in § 36 gegebenen Definition der ersten Krümmung und Gleichung (64), § 37, entnehmen.

Die Schnittlinie der Indikatrix mit jeder den Vektor $\mathbf{p}_0$ enthaltenden Ebene muß nach § 17 im Punkte $\mathbf{p}_0$ gegen den Grundpunkt zu konkav gekrümmt sein. Dies ist auch hinreichend, damit in der Umgebung dieser Richtung für $[\mathbf{u}, \mathbf{p}] \neq 0$ $\Phi(\mathbf{u}) > 0$ und daher $F_1 \neq 0$ wird. Für $F_1 = 0$ wäre nämlich der Rang von $\Phi(\mathbf{u})$ kleiner als $n - 1$, also wäre für gewisse $[\mathbf{u}, \mathbf{p}] \neq 0$ $\Phi(\mathbf{u}) = 0$.

**Die Gauß-Riemannsche Maßbestimmung.** 22. Bei der Definition des Winkels $\varphi$ waren die beiden Schenkel desselben nicht gleichwertig. In der Tat ist im allgemeinen

$$\sphericalangle(\mathbf{p}, \mathbf{q}) \neq \sphericalangle(\mathbf{q}, \mathbf{p}),$$

auch addieren sich die Winkel zwischen mehreren in einer Ebene liegenden Richtungen nicht. Für die Zwecke der Differentialgeometrie

---

[1]) *Bôcher* l. c. S. 165, 140.

ist aber dieser Übelstand unwesentlich, da man hier immer zur Grenze $\varphi = 0$ übergeht und, wie Gleichung (39) zeigt,

$$\lim_{q=p} \frac{\sphericalangle (\mathbf{p}, \mathbf{q})}{\sphericalangle (\mathbf{q}, \mathbf{p})} = \pm 1$$

ist; man braucht also dann die Reihenfolge der Schenkel nicht zu beachten.

Wir wollen aber doch untersuchen, für welche Maßbestimmungen die Winkel von der Reihenfolge der Schenkel $\mathbf{p}$ und $\mathbf{q}$ unabhängig sind. Die Bedingung dafür lautet wegen (37):

$$F(\mathbf{p}) \sum q_i F_{p_i} = F(\mathbf{q}) \sum p_i F_{q_i} .$$

Dies soll für beliebige Vektoren $\mathbf{p}$ und $\mathbf{q}$ gelten. Man setze eine Komponente von $\mathbf{p}$, $p_i$, gleich 1 und die übrigen gleich Null, lasse aber den Vektor $\mathbf{q}$ beliebig. Differenziert man nun diese Bedingung nach $q_j$ und bezeichnet die linke Seite der entstehenden Gleichung mit $a_{ij}$, so ist

$$a_{ij} = F_{q_j} F_{q_i} + F(\mathbf{q}) F_{q_i q_j} = \frac{1}{2} \frac{\partial^2 F^2(\mathbf{q})}{\partial x_i' \partial x_j'} .$$

Dabei ist die Größe $a_{ij}$ von $\mathbf{q}$ unabhängig, sie kann also nur von den Koordinaten $\mathbf{x}$ abhängen. Berücksichtigt man die Homogenität der Funktion $F$, so folgt, daß $F$ die Form haben muß:

$$F = \sqrt{\sum_{ij} a_{ij} x_i' x_j'} .$$

Für den Winkel $\varphi$ erhält man damit aus (37) die symmetrische Form:

$$\cos^2 \varphi = \frac{\left(\sum a_{ij} p_i q_j\right)^2}{\sum a_{ij} p_i p_j \sum a_{ij} q_i q_j} ,$$

oder, wenn

$$Q(\mathbf{u}, \mathbf{v}) = \sum a_{ij} u_i v_j$$

$$Q(\mathbf{u}) = Q(\mathbf{u}, \mathbf{u}) = \sum a_{ij} u_i u_j$$

gesetzt wird:

$$\cos^2 \varphi = \frac{Q^2(\mathbf{p}, \mathbf{q})}{Q(\mathbf{p}) \, Q(\mathbf{q})} .$$

Diese Variationsprobleme, bei denen $F^2 = Q(\mathbf{x}')$ ist, spielen in vielen Fällen eine besondere Rolle. Die Indikatrix hat hier die Gleichung:

$$\sum_{ij} a_{ij}\, X_i X_j = 1,$$

sie ist also, da sie gegen den Grundpunkt zu konkav sein muß, ein Ellipsoid, für $n = 2$ eine Ellipse; die quadratische Form $Q(\mathbf{u})$ ist positiv definit vom Rang $n$.

Man kann den Raum $R_n$ stets einer solchen Punkttransformation unterwerfen, daß diese Indikatrix für einen bestimmten Grundpunkt zu einer Kugel des Raumes $T_n$ wird und die Gleichung erhält:

$$\sum X_i^2 = 1.$$

Es genügt dazu eine homogene lineare Substitution der Koordinaten des Raumes $R_n$, wobei die Koordinaten des Raumes $T_n$ dieselbe Substitution erleiden. Die Winkel gehen dadurch in die gewöhnlichen, euklidisch gemessenen über.

**Oskulierende Indikatrix. 23.** Wenn die Funktion $F$ nicht diese spezielle Form $\sqrt{Q(\mathbf{x}')}$ hat, so kann man doch stets eine Hyperfläche von der Form

$$\sum a_{ij}\, X_i X_j = 1$$

finden, welche die Indikatrix $F(\mathbf{x}, \mathbf{X}) = 1$ in einem gegebenen Punkte $\mathbf{p}$ in zweiter Ordnung berührt. Sie möge die *oskulierende Indikatrix* heißen. Eine beliebige Ebene durch den Vektor $\mathbf{p}$ schneidet diese nach einer Ellipse, welche die Schnittkurve mit der gegebenen Indikatrix ebenfalls in zweiter Ordnung berühren muß. Für diese Ellipse ist der Mittelpunkt und im Punkte $\mathbf{p}$ die Tangentenrichtung und die Krümmung bekannt, sie ist also eindeutig bestimmt. Da dies für jede durch $\mathbf{p}$ gehende Schnittebene gilt, so ist auch die oskulierende Indikatrix eindeutig bestimmt. Ihre Gleichung lautet:

$$Q \equiv \frac{1}{2} \sum \frac{\partial^2 F'^2(\mathbf{p})}{\partial x_i'\, \partial x_j'}\, X_i X_j = 1.$$

Die Länge von $\mathbf{p}$ ist dabei beliebig. Daß hierbei wirklich Berührung zweiter Ordnung stattfindet, verifiziert man leicht (vgl. (28) und (29)); die partiellen Ableitungen von $Q$ und $F^2(\mathbf{x}, \mathbf{X})$ oder von $\sqrt{Q}$ und $F$

nach den Koordinaten **X** stimmen im Punkte **p** bis zur zweiten Ordnung überein.

Man kann auch die oskulierende Indikatrix durch eine lineare Substitution der Koordinaten auf die Form $\sum X_i^2 = 1$ bringen.

Mißt man die Winkel in Bezug auf die oskulierende Indikatrix, wobei also die Funktion $F$ durch $\sqrt{Q}$ ersetzt wird, so ändert sich in Gleichung (39) nur die Funktion $\delta$.

**Der Winkel zwischen zwei Ebenen. 24.** Den Winkel $\psi$ zwischen zwei sich schneidenden Ebenen, die durch die Vektoren **p** und **u**, bezw. **p** und **v** bestimmt werden, kann man folgendermaßen definieren:

Man betrachte das Dreikant, welches durch die Vektoren

$$\mathbf{p}, \qquad \mathbf{p} + \lambda\mathbf{u}, \qquad \mathbf{p} + \lambda\mathbf{v}$$

gebildet wird. Die Winkel zwischen diesen Vektoren sind:

$$a = \sphericalangle\,(\mathbf{p} + \lambda\mathbf{u},\, \mathbf{p} + \lambda\mathbf{v})$$

$$b = \sphericalangle\,(\mathbf{p},\, \mathbf{p} + \lambda\mathbf{u}) \qquad c = \sphericalangle\,(\mathbf{p},\, \mathbf{p} + \lambda\mathbf{v}) \, .$$

Der Winkel $\psi$ sei nun durch die Forderung definiert, daß in diesem Dreikant für $\lim \lambda = 0$ der Cosinussatz gelten soll:

$$\cos \psi = \lim_{\lambda=0} \frac{b^2 + c^2 - a^2}{2\,bc} \, .$$

Mit Hilfe von (39) und (32) findet man:

$$\cos \psi = \frac{\Phi(\mathbf{u}) + \Phi(\mathbf{v}) - \Phi(\mathbf{u} - \mathbf{v})}{2\,\sqrt{\Phi(\mathbf{u})\,\Phi(\mathbf{v})}} \, ,$$

daraus wegen $(32_3)$:

$$\cos^2 \psi = \frac{\Phi^2(\mathbf{u}, \mathbf{v})}{\Phi(\mathbf{u})\,\Phi(\mathbf{v})} \, . \tag{40}$$

Daraus ergibt sich der Winkel $\psi$ selbst. Der absolute Betrag desselben werde möglichst klein angenommen, während das Vorzeichen unbestimmt bleibt.

Daß dieser Winkel nur von den beiden Ebenen, nicht auch von der speziellen Wahl der Vektoren **u** und **v** abhängt, folgt aus (32). Auf der Schnittlinie der beiden Ebenen ist ein positiver Richtungssinn ausgezeichnet, der durch den Vektor **p** angezeigt wird.

Aus (40) folgt

$$\sin^2 \psi = \frac{\Phi(\mathbf{u})\ \Phi(\mathbf{v}) - \Phi^2(\mathbf{u}, \mathbf{v})}{\Phi(\mathbf{u})\ \Phi(\mathbf{v})}.$$

Nun gelten nach $(32_3)$ bzw. $(32_2)$ die Identitäten

$$\Phi(\mathbf{u})\ \Phi(\mathbf{u} - \mathbf{v}) = \Phi^2(\mathbf{u}) - 2\,\Phi(\mathbf{u})\ \Phi(\mathbf{u}, \mathbf{v}) + \Phi(\mathbf{u})\ \Phi(\mathbf{v})$$

$$\Phi^2(\mathbf{u}, \mathbf{u} - \mathbf{v}) = \big(\Phi(\mathbf{u}) - \Phi(\mathbf{u}, \mathbf{v})\big)^2,$$

daraus folgt durch Subtraktion

$$\Phi(\mathbf{u})\ \Phi(\mathbf{u} - \mathbf{v}) - \Phi^2(\mathbf{u}, \mathbf{u} - \mathbf{v}) = \Phi(\mathbf{u})\ \Phi(\mathbf{v}) - \Phi^2(\mathbf{u}, \mathbf{v}),$$

also ist

$$(41) \qquad \sin^2 \psi = \frac{\Phi(\mathbf{u})\ \Phi(\mathbf{u} - \mathbf{v}) - \Phi^2(\mathbf{u}, \mathbf{u} - \mathbf{v})}{\Phi(\mathbf{u})\ \Phi(\mathbf{v})}.$$

Diese Formel werden wir später brauchen (§ 47).

Da in dem Ausdruck für $\cos^2 \psi$ nur die zweiten Ableitungen der Funktion $F$ auftreten, so erhält man für den Winkel $\psi$ dasselbe Resultat, wenn man die gegebene Indikatrix durch die oskulierende ersetzt.

Sind die beiden Vektoren $\mathbf{u}$ und $\mathbf{v}$ zur Richtung $\mathbf{p}$ transversal, so ist, wenn

$$a_{ij} = \frac{1}{2}\, \frac{\partial^2 F^2(\mathbf{p})}{\partial x_i'\, \partial x_j'}$$

gesetzt wird:

$$\sum a_{ij}\, u_i\, v_j = F(\mathbf{p})\ \Phi(\mathbf{u}, \mathbf{v}),$$

also

$$\cos^2 \psi = \frac{\left(\sum a_{ij}\, u_i\, v_j\right)^2}{\sum a_{ij}\, u_i\, u_j\ \sum a_{ij}\, v_i\, v_j}.$$

Der Winkel $\psi$ ist also gleich dem in Bezug auf die oskulierende Indikatrix gemessenen Winkel zwischen den zu $\mathbf{p}$ transversalen Vektoren $\mathbf{u}$ und $\mathbf{v}$.

Daraus folgt, daß der Winkel $\psi$ nur dann verschwinden kann, wenn die Ebenen zusammenfallen. Die Ebenen schneiden sich senkrecht, wenn sie die Indikatrix im Punkte $\mathbf{p}$ nach konjugierten Richtungen schneiden.

**Normalräume.** 25. Die analytische Bedingung dafür, daß sich zwei Ebenen senkrecht schneiden, ist

$$\Phi(\mathbf{u}, \mathbf{v}) = 0,$$

wenn $\mathbf{u}$ und $\mathbf{v}$ wieder beliebige Vektoren sind, die mit $\mathbf{p}$ zusammen diese Ebenen bestimmen

Eine Ebene $T_2$ schneidet einen Raum $T_\nu$ senkrecht, wenn sie alle durch die Schnittlinie gehenden Ebenen dieses Raumes senkrecht schneidet. Es genügt dazu das Bestehen der $\nu - 1$ Gleichungen

$$\Phi(\mathbf{u}, \mathbf{c}_\delta) = 0 \qquad \delta = 2, 3, \ldots, \nu,$$

wenn die Vektoren $\mathbf{p}$ und $\mathbf{u}$ der Ebene $T_2$, die Vektoren $\mathbf{p}, \mathbf{c}_2, \mathbf{c}_3, \ldots, \mathbf{c}_\nu$ dem Raum $T_\nu$ angehören und von einander unabhängig sind.

Eine Ebene heißt eine *Normalebene* eines Raumes $R_\nu$, wenn sie den zugehörigen Tangentialraum $T_\nu$ senkrecht schneidet. Ein $\mu$-dimensionaler linearer *Normalraum* des Raumes $R_\nu$ ist ein von Normalebenen erfüllter Raum $T_\mu$. Diese Normalräume haben also, ebenso wie die Normalebenen, stets ein Linienelement mit dem Raum $R_\nu$ gemein.

Für $\nu < n - 1$ gibt es durch ein Linienelement $\mathbf{p}$ eines Raumes $R_\nu$ unendlich viele Normalebenen, von denen aber, wie wir später sehen werden (§ 59), i. a. eine bestimmte ausgezeichnet ist. Eine Normalebene durch $\mathbf{p}$ ist auch eindeutig bestimmt, wenn man noch verlangt, daß sie einem bestimmten Raum $T_{\nu + 1}$ angehören soll, der den Tangentialraum $T_\nu$ enthält; man erkennt dies z. B. bei der Betrachtung der oskulierenden Indikatrix, da die zum Raum $T_\nu$ konjugierte Richtung dadurch eindeutig bestimmt ist.

Ein Vektor, der in einer Normalebene liegt und zur Richtung $\mathbf{p}$ transversal ist, ist eine *Normale* des Raumes $R_\nu$ in Bezug auf die Richtung $\mathbf{p}$. Diese Normalen hängen also im allgemeinen noch von der Richtung $\mathbf{p}$ ab; sie sind von der Richtung unabhängig, wenn $F^2 = \sum a_{ij} x_i' x_j'$ ist. Wegen der Berechnung dieser Normalen vergleiche man die analoge Berechnung der Kurvennormalen (§ 35).

26. Man kann die Normalen auch durch folgende Eigenschaft charakterisieren:

*Eine Normale $l$ eines Raumes $R_\nu$ ist transversal zu $\nu$ unabhängigen, einander unendlich benachbarten Richtungen dieses Raumes.*

Dies heißt, genauer ausgedrückt, folgendes:

Der Tangentialraum $T_\nu$ des Raumes $R_\nu$ sei durch die unabhängigen Vektoren $\mathfrak{p}, \mathbf{c}_2, \mathbf{c}_3, \ldots, \mathbf{c}_\nu$ festgelegt. Ein Vektor $l$ sei transversal zu den $\nu$ Richtungen

$$\mathbf{v}_\alpha = \mathfrak{p} + \varepsilon \sum_{\delta=2}^{\nu} \lambda_{\alpha\delta} \mathbf{c}_\delta \qquad \alpha = 1, 2, \ldots, \nu.$$

Diese Richtungen sind unabhängig, wenn die $\nu$ Größensysteme

$$(1, \quad \lambda_{\alpha 2}, \quad \lambda_{\alpha 3}, \quad \ldots, \quad \lambda_{\alpha\nu}) \qquad \alpha = 1, 2, \ldots, \nu$$

unabhängig sind. Nun konvergiere $\varepsilon$ gegen Null; diese Größensysteme können sich dabei ändern, doch sollen sie für $\varepsilon = 0$ unabhängig sein. Der Vektor $l$ ist durch die Richtungen $\mathbf{v}_\alpha$ für $\nu < n - 1$ nicht eindeutig bestimmt, aber jede Grenzlage, die er für $\varepsilon = 0$ annehmen kann, ist eine Normale des Raumes $R_\nu$.

Der Vektor $l$ genügt den Transversalitätsbedingungen

$$\sum l_i F_{x_i'} (\mathbf{v}_\alpha) = 0 \qquad \alpha = 1, 2, \ldots, \nu.$$

Durch Entwicklung nach Potenzen von $\varepsilon$ erhält man

$$F_{x_i'} (\mathbf{v}_\alpha) = F_{x_i'} (\mathfrak{p}) + \varepsilon \sum_j F_{x_i' x_j'} (\mathfrak{p}) \sum_\delta \lambda_{\alpha\delta}\, c_{\delta j} + ((\varepsilon^2)),$$

also ist

$$(42) \qquad \sum_i l_i F_{x_i'} (\mathfrak{p}) + \varepsilon \sum_\delta \lambda_{\alpha\delta}\, \Phi (l, \mathbf{c}_\delta) + ((\varepsilon^2)) = 0.$$

Daraus folgt, daß für $\varepsilon = 0$:

$$\sum l_i F_{x_i'} (\mathfrak{p}) = 0$$

sein muß, der Vektor $l$ ist also für $\varepsilon = 0$ transversal zur Richtung $\mathfrak{p}$. Der Ausdruck

$$\lim_{\varepsilon=0} \frac{1}{\varepsilon} \sum l_i F_{x_i'} (\mathfrak{p}) = \Psi$$

hat einen endlichen Wert; dividiert man also Gleichung (42) durch $\varepsilon$, so erhält man für $\lim \varepsilon = 0$:

$$\Psi + \sum_\delta \lambda_{\alpha\delta}\, \Phi (l, \mathbf{c}_\delta) = 0 \qquad \alpha = 1, 2, \ldots, \nu.$$

Die Determinante der Koeffizienten 1 und $\lambda_{\alpha\delta}$ dieser Gleichungen für $\Psi$ und $\Phi$ ist von Null verschieden, also ist

$$\Phi(l, \mathbf{c}_\delta) = 0 \qquad \delta = 2, 3, \ldots, \nu.$$

Damit ist die Behauptung bewiesen.

27. Eine Kurve **C** berühre einen Raum $R_\nu$ in $\mu^{\text{ter}}$ Ordnung ($\mu > 0$) in der Richtung $\mathbf{c}_1$. Wir sagen, daß sie auf diesen Raum *normal projiziert* wird, wenn die Projektionsrichtung in einer durch $\mathbf{c}_1$ gehenden Normalebene des Raumes $R_\nu$ liegt. Die Projektionsrichtung braucht also dabei nicht mit der Normale selbst zusammenzufallen; die zugehörige Normalebene ist aber wegen Satz III (§ 12) eindeutig bestimmt.

Alle normalen Projektionen der Kurve **C** berühren sich nach Satz IV in mindestens $(\mu + 1)^{\text{ter}}$ Ordnung.

---

# V. Das Berührungsmass.

**Definition.** 28. Von der Berührung höherer Ordnung von Kurven war schon in § 9 die Rede. Wir können jetzt folgende geometrische Definition[1]) dafür geben, die, wie wir zeigen werden, mit der früheren in Einklang steht.

$P$ sei ein gemeinsamer Punkt der beiden Kurven **C** und $\Gamma$. **C** sei auf $\Gamma$ projiziert, $B$ die Projektion eines beliebigen Punktes $A$ der Kurve **C**; $B$ soll aber nicht identisch gleich $P$ sein. Ist nun $\varphi$ der Winkel, den die Sehne $PA$ mit der Sehne $PB$ bildet, und $a$ die Länge der Kurve **C** von $P$ bis $A$, so berühren sich die Kurven im Punkte $P$ in gerade $\mu^{\text{ter}}$ Ordnung, wenn der Grenzwert

$$\lim_{a=0} \frac{\varphi}{a^\mu}$$

endlich und von Null verschieden ist.

---

[1]) Vgl. *A. L. Cauchy*: Leçons sur les applications du calcul infinitésimal à la géométrie. Bd. 1 (Paris 1826), S. 367.

Dieser Grenzwert selbst liefert noch ein genaueres Maß für die Berührung; die Kurven berühren sich umso enger, je kleiner dieser Grenzwert ist. Wir werden ihn noch mit einem Zahlenfaktor versehen:

$$\frac{1}{\beta_\mu} = \pm \sqrt{\frac{(\mu+1)^2 (2\mu)!}{2^\mu}} \lim_{a=0} \frac{\varphi}{a^\mu},$$

und den reziproken Wert $\beta_\mu$ das *Berührungsmaß* $\mu^{ter}$ *Ordnung* nennen.

**Berechnung. 29.** Die beiden Extremalen $PA$ und $PB$ gehen bei dem Grenzübergang in die Tangenten der Kurven $\mathbf{C}$ und $\Gamma$ über (vgl. § 31), der Winkel $\varphi$ also in den Winkel, den $\mathbf{C}$ mit $\Gamma$ bildet. Für $\mu = 0$ muß der Winkel $\varphi$ von Null verschieden bleiben; die Berührung ist von nullter Ordnung.

Wir nehmen $\mu > 0$ an, der Winkel $\varphi$ muß dann für $\lim a = 0$ verschwinden, so daß sich die Kurven wirklich berühren. Es sei

$$\mathbf{C}' \doteqdot \Gamma' \doteqdot \mathbf{p}_0.$$

Die Extremalen $PA$ und $PB$ konvergieren gegen die gemeinsame Tangente der Kurven.

Die Koordinaten seien auf der Sehne $PA$ mit $\xi$, auf der Sehne $PB$ mit $\eta$ bezeichnet.

$$\mathbf{q} = \xi_0' \quad \text{und} \quad \mathbf{p} = \eta_0'$$

seien die Richtungen der Sehnen im Punkte $P$, so daß

$$\varphi^2 = \frac{\Phi(\mathbf{q} - \mathbf{p})}{F(\mathbf{p})} (1 + \delta) \qquad \lim_{\mathbf{q}=\mathbf{p}} \delta = 0$$

und

$$\lim_{a=0} \mathbf{q} = \lim_{a=0} \mathbf{p} = \mathbf{p}_0$$

wird. Der Parameter $\tau$ werde, wie früher, auf der Kurve $\mathbf{C}$ mit $t$ bezeichnet.

Der Grenzwert

$$\lim_{a=0} \frac{\varphi^2}{a^{2\mu}} = \lim_{t=0} \frac{\Phi(\mathbf{q} - \mathbf{p})}{F(\mathbf{p}) \left(\int_0^t F\,dt\right)^{2\mu}}$$

soll endlich und von Null verschieden bleiben. Daraus folgt, daß die quadratische Form $\Phi(\mathbf{q} - \mathbf{p})$ für $t = 0$ in $(2\mu)^{ter}$ Ordnung verschwinden muß.

Sind $\mathbf{C}$ und $\Gamma$ die Koordinaten der Punkte $A$ und $B$, so ist

$$\mathbf{C} = \xi_0 + t\xi_0' + \frac{t^2}{2!}\,\xi_0'' + \cdots$$

$$\Gamma = \eta_0 + \tau\eta_0' + \frac{\tau^2}{2!}\,\eta_0'' + \cdots \qquad \tau = \tau(t),$$

also, wenn $\varrho$ und $l$ die frühere Bedeutung haben:

$$\varrho l = \mathbf{C} - \Gamma$$
$$= (t\mathbf{q} - \tau\mathbf{p}) + \frac{1}{2!}\,(t^2\xi_0'' - \tau^2\eta_0'') + \cdots. \tag{43}$$

Wir nehmen nun an, daß

$$\varrho' \doteqdot \varrho'' \doteqdot \cdots \doteqdot \varrho^{(r)} \doteqdot 0 \qquad (r > 0)$$

ist, so daß sich die Kurven $\mathbf{C}$ und $\Gamma$ nach der früheren Definition in mindestens $r^{\text{ter}}$ Ordnung berühren. Eine Folge davon ist:

$$\tau' \doteqdot 1 \qquad \tau'' \doteqdot \cdots \doteqdot \tau^{(r)} \doteqdot 0.$$

Ferner sei außer $\mathbf{q} \doteqdot \mathbf{p}$ auch noch

$$\mathbf{q}' \doteqdot \mathbf{p}', \quad \mathbf{q}'' \doteqdot \mathbf{p}'', \cdots, \quad \mathbf{q}^{(r-1)} \doteqdot \mathbf{p}^{(r-1)}. \tag{44}$$

Die in Gleichung (43) auftretenden Größen $\xi_0''$, $\eta_0''$, $\xi_0'''$, $\ldots$ sind nach § 19 Funktionen von $\xi_0'$ bzw. $\eta_0'$, z. B.

$$\xi_0'' = \chi(\xi_0'), \quad \eta_0'' = \chi(\eta_0'), \quad \xi_0''' = \chi'(\xi_0'), \cdots,$$

und zwar ist für $t = 0$

$$\xi_0'' \doteqdot \eta_0'', \quad \xi_0''' \doteqdot \eta_0''', \cdots,$$

da sich diese Größen auf die gemeinsame Tangente beziehen. Aber auch die Ableitungen dieser Größen nach $t$ stimmen infolge von (44) bis zur $(r-1)^{\text{ten}}$ Ordnung überein, da z. B.

$$\frac{d^{r-1}\xi_0''}{dt^{r-1}} \doteqdot \sum_i \frac{\partial \chi'(\mathbf{p}_0)}{\partial \xi_i'}\, q_i^{(r-1)} + \cdots \doteqdot \frac{d^{r-1}\eta_0''}{dt^{r-1}}$$

ist. Differenziert man also Gleichung (43) $(r+1)$mal nach $t$, so findet man

$$\varrho^{(r+1)} l \doteqdot (r+1)(\mathbf{q}^{(r)} - \mathbf{p}^{(r)}) - \tau^{(r+1)}\mathbf{p}_0. \tag{45}$$

Ist nun $r < \mu$, so ist

$$\frac{d^{2r}\, \Phi\,(\mathfrak{q} - \mathfrak{p})}{dt^{2r}} \overset{\sigma}{=} 0 \,.$$

Führt man die Differentiation aus, so erhält man wegen (44):

$$\Phi\,(\mathfrak{q}^{(r)} - \mathfrak{p}^{(r)}) \overset{\sigma}{=} 0,$$

daraus folgt nach § 21:

$$[\mathfrak{q}^{(r)} - \mathfrak{p}^{(r)},\ \mathfrak{p}_0] \overset{\sigma}{=} 0 \,.$$

Wegen $[\mathfrak{l}, \mathfrak{p}_0] \neq 0$ folgt also aus (45):

$$\varrho^{(r+1)} \overset{\sigma}{=} 0 \,,$$

daher ist

$$\tau^{(r+1)} \overset{\sigma}{=} 0 \ \text{und}\ \mathfrak{q}^{(r)} \overset{\sigma}{=} \mathfrak{p}^{(r)} \,.$$

Für $r = 0$ würde man (statt (45))

$$\varrho'\, \mathfrak{l} \overset{\sigma}{=} \mathfrak{p}_0 - \tau'\, \mathfrak{p}_0 \,,$$

also

$$\varrho' \overset{\sigma}{=} 0 \ \text{und}\ \tau' \overset{\sigma}{=} 1$$

erhalten.

Ist aber $r = \mu$, so muß

$$\Phi\,(\mathfrak{q}^{(\mu)} - \mathfrak{p}^{(\mu)}) \neq 0,$$

also

$$[\mathfrak{q}^{(\mu)} - \mathfrak{p}^{(\mu)}, \mathfrak{p}_0] \neq 0$$

und daher

$$\varrho^{(\mu+1)} \neq 0$$

sein.

Da die angenommenen Voraussetzungen für $r = 1$ erfüllt sind, so ist damit gezeigt, daß die neue Definition der Berührung höherer Ordnung mit der früheren übereinstimmt.

Außerdem findet man:

$$\varrho^{(\mu+1)}\, \mathfrak{l} \overset{\sigma}{=} (\mu + 1)\, (\mathfrak{q}^{(\mu)} - \mathfrak{p}^{(\mu)}) - \tau^{(\mu+1)}\, \mathfrak{p}_0$$

$$\overset{\sigma}{=} \mathfrak{C}^{(\mu+1)} - \Gamma^{(\mu+1)} - \Gamma'\, \tau^{(\mu+1)}$$

$$\lim_{t=0} \frac{\Phi\,(\mathfrak{q} - \mathfrak{p})}{F\,(\mathfrak{p}) \left(\int\limits_0^t F\,dt\right)^{2\mu}} \overset{\sigma}{=} \frac{2^\mu\, \Phi\,(\mathfrak{q}^{(\mu)} - \mathfrak{p}^{(\mu)})}{(2\mu)!\ \ F^{2\mu+1}}$$

$$\overset{\sigma}{=} \frac{2^\mu}{(\mu + 1)^2\, (2\mu)!} \cdot \frac{\Phi\,(\mathfrak{C}^{(\mu+1)} - \Gamma^{(\mu+1)})}{F^{2\mu+1}} \,.$$

Das Berührungsmaß $\beta_\mu$ erhält man somit für $\mu > 0$ aus der Gleichung

$$\left(\frac{1}{\beta_\mu}\right)^2 \overset{\sigma}{=} \frac{\Phi\,(C^{(\mu+1)} - \varGamma^{(\mu+1)})}{F^{2\mu+1}}\,.$$

Das Resultat ist symmetrisch in $C$ und $\varGamma$ und vom Projizieren unabhängig. Man kann wegen (32) die Ableitung $\varGamma^{(\mu+1)}$ auch durch $\dfrac{d^{\mu+1}\,\varGamma}{dt^{\mu+1}}$ ersetzen, also nach $\tau$ oder nach $t$ differenzieren, da

$$\frac{d^{\mu+1}\,\varGamma}{dt^{\mu+1}} \overset{\sigma}{=} \varGamma^{(\mu+1)} + \mathfrak{p}_0\,\tau^{(\mu+1)}$$

ist.

**Berührung zwischen Kurve und Raum. 30.** Die Ordnung der Berührung einer Kurve $C$ mit einem Raum $R_\nu$ ist nach Definition gleich der Ordnung der Berührung dieser Kurve mit ihren Projektionen auf diesen Raum. Ist diese Ordnung gleich $\mu$ ($\mu > 0$), und wird die Kurve insbesondere normal auf den Raum $R_\nu$ projiziert, so berühren sich die Projektionen $\varGamma$ nach § 27 in mindestens $(\mu + 1)^{\text{ter}}$ Ordnung. Der Ausdruck

$$\left(\frac{1}{\beta_\mu}\right)^2 \overset{\sigma}{=} \frac{\Phi\,(C^{(\mu+1)} - \varGamma^{(\mu+1)})}{F^{2\mu+1}} \tag{46}$$

hat dann einen bestimmten, von der speziellen Projektion unabhängigen Wert, und man kann $\beta_\mu$ als das Berührungsmaß $\mu^{\text{ter}}$ Ordnung zwischen der Kurve $C$ und dem Raum $R_\nu$ bezeichnen.

Das Berührungsmaß $\mu^{\text{ter}}$ Ordnung ist 0 oder $\infty$, wenn die Berührung von geringerer oder höherer als $\mu^{\text{ter}}$ Ordnung ist.

# Zweiter Abschnitt. — Kurventheorie.

## VI. Die Schmiegungsräume und die Kurvennormalen.

**Die Schmiegungsräume.** 31. Es sei im Raum $R_n$ eine reguläre Kurve $\mathbf{C}$ gegeben, die im Punkte $P$ die Richtung $\mathbf{p}_0$ besitzt (vgl. § 15). Wird diese Kurve auf den Punkt $P$ projiziert, so ist die Projektionsrichtung eindeutig bestimmt (vgl. Satz III, § 12), denn aus

$$\mathbf{C} = \mathbf{C}_0 + \varrho \boldsymbol{l}$$

folgt $$\mathbf{C}' = \varrho' \boldsymbol{l},$$

und da $\varrho' > 0$ sein soll, so ist die Projektionsrichtung mit der Richtung der Kurve $\mathbf{C}$ identisch. Diejenige Extremale, welche in dieser Richtung vom Punkte $P$ ausgeht, hatten wir schon früher (§ 19) eine *Tangente* der Kurve genannt. An Stelle beliebiger Projektionsstrahlen kann man speziell eine Schar von Extremalen nehmen, welche den Punkt $P$ mit andern Punkten der Kurve $\mathbf{C}$ verbinden, und erhält dann die Tangente als Grenzlage dieser Sekanten.

Wir nehmen an, daß die Kurve $\mathbf{C}$ ihre Tangente im Punkte $P$ nur in erster Ordnung berührt. Wird dann die Kurve $\mathbf{C}$ auf die Tangente projiziert, so gehört die Projektionsrichtung nach Satz III einer bestimmten Ebene $T_2$ an, welche die *Schmiegungsebene* der Kurve $\mathbf{C}$ heißen soll. Diejenigen Extremalen, welche diese Ebene im Punkte $P$ berühren, bilden eine Fläche (vgl. § 19), die wir die *Schmiegungsfläche* $S_2$ nennen. Nach Satz VI (§ 12) berührt die Kurve $\mathbf{C}$ ihre Schmiegungsfläche in mindestens zweiter Ordnung.

Ganz analog kann man nun auch die *höheren Schmiegungsräume* definieren:

Der $\nu$-dimensionale Schmiegungsraum $S_\nu$ sei bekannt und werde von der Kurve $C$ in genau $\nu^{\text{ter}}$ Ordnung berührt. Wird dann die Kurve $C$ auf diesen Raum $S_\nu$ projiziert, so gehört die Projektionsrichtung nach Satz III einem bestimmten $(\nu + 1)$-dimensionalen linearen Raum an, dem Schmiegungsraum $T_{\nu+1}$. Diejenigen Extremalen, welche diesen Raum im Punkte $P$ berühren, bilden den Schmiegungsraum $S_{\nu+1}$. Er enthält den Raum $S_\nu$ und die Projektionsrichtung, nach Satz VI wird er also von der Kurve $C$ in mindestens $(\nu + 1)^{\text{ter}}$ Ordnung berührt.

Der Schmiegungsraum $T_\nu$ ist der lineare Tangentialraum von $S_\nu$. $S_0$ ist der Punkt $P$, $S_1$ die Tangente der Kurve $C$.

Wir nehmen im folgenden an, daß die Kurve $C$ ihre Schmiegungsräume $S_\nu$ für $0 \leqq \nu < r$ in genau $\nu^{\text{ter}}$ Ordnung berührt. Den Raum $S_r$ berührt sie dann in mindestens $r^{\text{ter}}$ Ordnung; sie kann ihm auch selbst angehören, was z. B. für $r = n$ der Fall ist.

Falls die Kurve $C$ den Raum $S_r$ in höherer als $r^{\text{ter}}$ Ordnung berührt, so ist der Schmiegungsraum $S_{r+1}$ nicht definiert. Wir sagen, daß er in diesem Falle *nicht existiert*. Man könnte auch andere Festsetzungen treffen, doch ist diese für manche Zwecke am bequemsten.

**Die Grundvektoren. 32.** $C_\nu$ sei eine Projektion der Kurve $C$ auf den Raum $S_\nu$. Der Parameter $\tau = \tau(\mathbf{x})$ werde auf der Kurve $C_\nu$ mit $\tau_\nu$ bezeichnet, auf der Kurve $C$ wie bisher mit $t$. $\tau_\nu$ ist eine Funktion von $t$. Ist

$$\mathbf{C} = \mathbf{C}_\nu + \varrho_\nu \, \mathbf{l}_\nu \qquad \varrho_\nu^{(\nu+1)} > 0 \qquad \sum_j l_{\nu j}^2 = 1 \, ,$$

so erhält man durch Differenzieren

$$\mathbf{C}^{(\nu+1)} = \mathbf{C}_\nu^{(\nu+1)} + \mathbf{C}_\nu' \, \tau_\nu^{(\nu+1)} + \varrho_\nu^{(\nu+1)} \, \mathbf{l}_\nu \, . \tag{47}$$

Da nun die Projektionsrichtung $\mathbf{l}_\nu$ dem Schmiegungsraum $T_{\nu+1}$ angehört, jedoch nicht dem Raum $T_\nu$, so gilt dasselbe von dem Vektor $\mathbf{C}^{(\nu+1)} - \mathbf{C}_\nu^{(\nu+1)}$, denn der Vektor $\mathbf{C}_\nu'$ gehört dem Raum $T_\nu$ an. Läßt man also $\nu$ von $0$ bis $r - 1$ variieren, wobei $\mathbf{C}_0$ mit dem Punkte $P$, $\mathbf{C}_1$ mit der Tangente $S_1$ identisch ist, so erhält man $r$ unabhängige Vektoren

$$\mathbf{C}', \ \mathbf{C}'' - \mathbf{C}_1'', \ \mathbf{C}''' - \mathbf{C}_2''', \ \ldots, \ \mathbf{C}^{(r)} - \mathbf{C}_{r-1}^{(r)} \, ,$$

von denen die $\nu$ ersten den Schmiegungsraum $T_\nu$ bzw. $S_\nu$ bestimmen. Diese Vektoren hängen aber noch von den speziellen Projektionen ab. Wir suchen andere Vektoren, welche davon unabhängig sind.

Ist der Schmiegungsraum $T_\nu$ durch die Vektoren $\mathbf{c}_1$, $\mathbf{c}_2$, ..., $\mathbf{c}_\nu$ festgelegt, so kann man, wie in § 13/14 gezeigt wurde, einen bestimmten Vektor $\mathbf{c}_{\nu+1}$ finden, welcher den Raum $T_{\nu+1}$ von Satz III, also in diesem Falle den Schmiegungsraum $T_{\nu+1}$ und damit $S_{\nu+1}$ bestimmt. Erteilt man der Zahl $\nu$ die Werte 0, 1, 2, ..., $r-1$, so erhält man auf diese Weise der Reihe nach die Vektoren $\mathbf{c}_1$, $\mathbf{c}_2$, $\mathbf{c}_3$, ..., $\mathbf{c}_r$ und kann dann den Schmiegungsraum $S_r$ in der Form

$$\boldsymbol{\xi} = \boldsymbol{\xi}\,(\tau,\,\lambda_1,\,\lambda_2,\,\ldots,\,\lambda_r)$$

darstellen (vgl. § 19). Darin ist zugleich die Darstellung der andern Schmiegungsräume $S_\nu$ enthalten, denn wenn man die Parameter $\lambda_a$ für $\nu < \alpha \leqq r$ gleich Null setzt, so wird

$$\boldsymbol{\xi} = \boldsymbol{\xi}\,(\tau,\,\lambda_1,\,\ldots,\,\lambda_\nu,\,0,\,\ldots,\,0) \equiv \boldsymbol{\xi}\,(\tau,\,\lambda_1,\,\ldots,\,\lambda_\nu).$$

Da wir angenommen hatten, daß die Kurve $\mathbf{C}$ den Raum $S_\nu'$ für $\nu < r$ in genau $\nu^{\text{ter}}$ Ordnung berührt, so hat der Vektor $\mathbf{c}_{\nu+1}$ nach § 14 die Form

$$\mathbf{c}_{\nu+1} \doteqdot \mathbf{C}^{(\nu+1)} - \boldsymbol{\Gamma}_\nu^{(\nu+1)}.$$

Dabei ist die Kurve $\boldsymbol{\Gamma}_\nu$ nach § 13 auszurechnen, indem man wie dort vom Punkte $P = \boldsymbol{\Gamma}_0$ ausgehend die Kurven $\boldsymbol{\Gamma}_1$, $\boldsymbol{\Gamma}_2$, ..., $\boldsymbol{\Gamma}_\nu$ bestimmt. Diese Kurven $\boldsymbol{\Gamma}_m$ sind von $\nu$ unabhängig und besitzen die Gleichungen:

$$\boldsymbol{\Gamma}_0 = \boldsymbol{\xi}\,(\tau,\,0,\,0,\,\ldots,\,0) = \mathbf{C}_0$$
$$\boldsymbol{\Gamma}_m = \boldsymbol{\xi}\left(\tau,\,1,\,\frac{\tau}{2!},\,\frac{\tau^2}{3!},\,\ldots,\,\frac{\tau^{m-1}}{m!},\,0,\,\ldots,\,0\right) \quad 1 \leqq m \leqq r-1.$$

Ist nämlich die Kurve $\boldsymbol{\Gamma}_m$ $(m < \nu)$ bekannt, so sind nach § 13 die Größen $\lambda_a^{[m]}$ aus der Gleichung

$$\mathbf{C}^{(m+1)} - \boldsymbol{\Gamma}_m^{(m+1)} \doteqdot (m+1)\sum_{a=1}^{\nu} \mathbf{c}_a\,\lambda_a^{[m]}$$

zu berechnen. Nun ist aber nach Definition

$$\mathbf{C}^{(m+1)} - \boldsymbol{\Gamma}_m^{(m+1)} \doteqdot \mathbf{c}_{m+1},$$

also wird

$$\lambda_a^{[m]} = 0 \qquad \alpha \neq m+1$$
$$\lambda_{m+1}^{[m]} = \frac{1}{m+1}.$$

Wird also $\boldsymbol{\Gamma}_m$ durch die Gleichungen

$$\bar{\lambda}_a(\tau) = \frac{\tau^{a-1}}{\alpha!} \qquad 1 \leqq \alpha \leqq m$$

$$\bar{\lambda}_a(\tau) = 0 \qquad \alpha > m$$

dargestellt, so erhält man für die Kurve $\boldsymbol{\Gamma}_{m+1}$ nach (21) die Gleichungen

$$\lambda_a(\tau) = \frac{\tau^{a-1}}{\alpha!} \qquad 1 \leqq \alpha \leqq m+1$$

$$\lambda_a(\tau) = 0 \qquad \alpha > m+1.$$

Die Formel für $\boldsymbol{\Gamma}_m$ gilt daher allgemein. Insbesondere wird

$$\left.\begin{aligned}
\boldsymbol{\Gamma}_0 &= \mathbf{C}_0 \\
\boldsymbol{\Gamma}_\nu &= \boldsymbol{\xi}\left(\tau, 1, \frac{\tau}{2!}, \frac{\tau^2}{3!}, \ldots, \frac{\tau^{\nu-1}}{\nu!}\right) \qquad 1 \leqq \nu \leqq r-1 \\
\mathbf{c}_{\nu+1} &\equiv \mathbf{C}^{(\nu+1)} - \boldsymbol{\Gamma}_\nu^{(\nu+1)} \qquad\qquad 0 \leqq \nu \leqq r-1.
\end{aligned}\right\} \quad (48)$$

Die Kurve $\boldsymbol{\Gamma}_\nu$ kann man berechnen, sobald die Vektoren $\mathbf{c}_1, \mathbf{c}_2, \ldots, \mathbf{c}_\nu$ bekannt sind; für einen beliebigen Punkt der Kurve $\mathbf{C}$ ist daher die Differenz $\mathbf{C}^{(\nu+1)} - \mathbf{c}_{\nu+1}$ eine Funktion von $\mathbf{C}, \mathbf{C}', \ldots, \mathbf{C}^{(\nu)}$:

$$\mathbf{C}^{(\nu+1)} - \mathbf{c}_{\nu+1} = \varphi(\mathbf{C}, \mathbf{C}', \ldots, \mathbf{C}^{(\nu)}). \qquad (49)$$

33. Diese Vektoren $\mathbf{c}_1, \mathbf{c}_2, \ldots, \mathbf{c}_r$, von denen die $\nu$ ersten den Schmiegungsraum $T_\nu$ bezw. $S_\nu$ bestimmen, nennen wir die *Grundvektoren* der Kurve $\mathbf{C}$. Sie sind nach § 10 von der Wahl des Koordinatensystems, nicht aber von der des Parameters unabhängig.

Wird die Kurve $\mathbf{C}$ irgendwie auf den Raum $S_\nu$ projiziert, so folgt aus Gleichung (47) und Satz I, § 12, daß

$$[\mathbf{c}_{\nu+1} - \varrho_\nu^{(\nu+1)} \boldsymbol{l}_\nu, (\nu)] \equiv 0 \qquad (50)$$

ist. Daraus geht nach S. 27 hervor, daß jeder der Vektoren $\mathbf{c}_{\nu+1}$ zugleich angibt, nach welcher Seite hin sich die Kurve $\mathbf{C}$ von ihrem Schmiegungsraum $S_\nu$ entfernt. Dasselbe gilt auch für die Vektoren $\mathbf{C}^{(\nu+1)} - \mathbf{C}_\nu^{(\nu+1)}$, wie aus (47) direkt zu erkennen ist.

Berücksichtigt man die Gleichungen

$$\xi = C_0, \qquad \xi_\tau = \xi' \mp \sum \lambda_a c_a,$$
$$\xi_{\tau\tau} = \xi'' = \chi(\xi, \xi'), \qquad \xi_{\tau\tau\tau} = \xi''' = \chi'(\xi, \xi'), \ldots,$$

von denen die beiden ersten für $\tau = 0$, aber identisch in den Parametern $\lambda_a$ gelten, so kann man die Grundvektoren nach (48) noch genauer ausrechnen und findet für die vier ersten derselben:

$$(51) \quad \begin{cases} c_1 = C' \\[2mm] c_2 = C'' - \xi'' \\[2mm] c_3 = C''' - \xi''' - \dfrac{3}{2}\,\xi''_{\lambda_2} \\[2mm] c_4 = C'''' - \xi'''' - 2\xi'''_{\lambda_2} - \dfrac{3}{2}\,\xi''_{\lambda_2\,\lambda_2} - 2\,\xi''_{\lambda_3}. \end{cases}$$

Dabei ist

$$\xi''_{\lambda_2} = \sum_i \frac{\partial \chi}{\partial \xi_i}\, c_{2i} \qquad\qquad \xi'''_{\lambda_2} = \sum_i \frac{\partial \chi'}{\partial \xi_i'}\, c_{2i}$$

$$\xi''_{\lambda_2\,\lambda_2} = \sum_{ij} \frac{\partial^2 \chi}{\partial \xi_i' \partial \xi_j'}\, c_{2i}\, c_{2j} \qquad\qquad \xi''_{\lambda_3} = \sum_i \frac{\partial \chi}{\partial \xi_i'}\, c_{3i}.$$

Wenn die Grundvektoren $c_1$, $c_2$, $\ldots$, $c_\nu$ bekannt sind und man berechnet den Vektor $c_{\nu+1}$ formal nach (48), so kann es vorkommen, daß $[c_{\nu+1}, (\nu)] \mp 0$ wird. Wegen (50) tritt dies dann und nur dann ein, wenn $\varrho_\nu^{(\nu+1)} \mp 0$ ist, wenn also die Kurve $C$ den Raum $S_\nu$ in mindestens $(\nu + 1)^{\text{ter}}$ Ordnung berührt und der Schmiegungsraum $S_{\nu+1}$ nicht existiert.

**Andere Definition der Schmiegungsräume. 34.** Die Schmiegungsräume der Kurve $C$ kann man auch folgendermaßen definieren: Der Schmiegungsraum $S_\nu$ sei bekannt und werde von der Kurve $C$ in genau $\nu^{\text{ter}}$ Ordnung berührt. $C_\nu$ sei eine Projektion der Kurve $C$ auf den Raum $S_\nu$. Die Kurve $C$ werde mit einem beliebigen Kurvenfeld umgeben. Ist $A$ ein Punkt der Projektion $C_\nu$, so kann man einen Raum $T_{\nu+1}$ finden, der in diesem Punkte den Raum $S_\nu$ und die durch $A$ gehende Feldkurve berührt. Strebt $A$ gegen $P$, so geht dieser Raum in den Schmiegungsraum $T_{\nu+1}$ der Kurve $C$ über.

Die Koordinaten der Feldkurven seien mit $\mathfrak{C}$ bezeichnet; der Vektor $\mathfrak{C}'$ gibt für jeden Punkt die Richtung der hindurchgehenden Feldkurve an. Die Komponenten von $\mathfrak{C}'$ sind reguläre Ortsfunktionen, auf der Kurve $C$ ist $\mathfrak{C}'$ mit $C'$ identisch. Da sich die Kurven $C$ und $C_\nu$ im Punkte $P$ in $\nu^{\text{ter}}$ Ordnung berühren, so folgt aus dem in § 10 angegebenen Satze, daß es gleichgültig ist, ob man die Ableitungen von $\mathfrak{C}'$ bis zur $\nu^{\text{ten}}$ Ordnung entlang der Kurve $C_\nu$ oder entlang $C$ bildet. Es ist also, wenn $\tau\,(C_\nu) = \tau_\nu$ ist:

$$\mathfrak{C}' = C',\; \frac{d\,\mathfrak{C}'}{d\tau_\nu} = C'',\; \frac{d^2\,\mathfrak{C}'}{d\tau_\nu^2} = C''',\; \ldots,\; \frac{d^\nu\,\mathfrak{C}'}{d\tau_\nu^\nu} = C^{(\nu+1)}. \tag{52}$$

Der Raum $T_{\nu+1}$, welcher den Schmiegungsraum $S_\nu$ und die Feldkurve $\mathfrak{C}$ im Punkt $A$ berührt, sei durch die $\nu+1$ unabhängigen Vektoren $v_1, v_2, \ldots, v_\nu, v_{\nu+1}$ bestimmt. Dabei sollen die Richtungen $v_1, v_2, \ldots, v_\nu$ dem Raum $S_\nu$ angehören und unabhängig bleiben, wenn $A$ in den Punkt $P$ rückt. Sie bestimmen dann im Punkte $P$ den Schmiegungsraum $T_\nu$. Dem Vektor $v_{\nu+1}$ hingegen kann man folgenden speziellen Wert beilegen:

$$v_{\nu+1} = \frac{\nu!}{\tau_\nu^\nu}\,(\mathfrak{C}' - C_\nu').$$

Wenn $A$ gegen $P$ rückt, also $\tau_\nu$ gegen 0 strebt, so geht dieser Vektor wegen (52) in den Vektor $C^{(\nu+1)} - C_\nu^{(\nu+1)}$ über. Nach § 32 bestimmt aber dieser Vektor mit dem Raum $T_\nu$ zusammen den Schmiegungsraum $T_{\nu+1}$.

**Die Kurvennormalen.** 35. In jedem Schmiegungsraum $T_{\nu+1}$ der Kurve $C$ kann man nach § 25 für $\nu > 0$ eine bestimmte Ebene finden, welche den Vektor $p = c_1$ enthält und den Schmiegungsraum $T_\nu$ senkrecht schneidet. Diese Ebene nennen wir die *Ebene der $\nu^{ten}$ Normale*[1]).

Die $\nu^{te}$ *Normale* selbst ist ein in dieser Ebene liegender Vektor $L_\nu$, welcher zur Richtung $c_1$ transversal ist. Der positive Sinn dieses Vektors sei so gewählt, daß er (wie der Vektor $c_{\nu+1}$) angibt, nach welcher Seite hin sich die Kurve von dem Schmiegungsraum $S_\nu$ entfernt.

---

[1]) Allgemein ist unter der „Ebene eines Vektors $l$“ die durch $l$ und $C'$ bestimmte Ebene zu verstehen. So liegt z. B. bei Satz III (Gl. (18)) der Vektor $C^{(\mu+1)} - \varGamma^{(\mu+1)}$ *in der Ebene der Projektionsrichtung.*

Die Ebene der ersten Normale ist mit der Schmiegungsebene $T_2$ identisch, sie enthält die erste Normale oder *Hauptnormale* $\mathbf{L}_1$. Die zweite Normale oder *Binormale* $\mathbf{L}_2$ liegt im Schmiegungsraum $T_3$, die dritte Normale $\mathbf{L}_3$ im Raum $T_4$ usw. Allgemein gilt:

$$(53) \qquad [\mathbf{L}_\nu,\ (\nu + 1)] = 0.$$

Da die Ebene der $\nu^{\text{ten}}$ Normale den Schmiegungsraum $T_\nu$ senkrecht schneidet, so ist

$$(54) \qquad \Phi\,(\mathbf{L}_\nu,\ \mathbf{c}_\delta) \equiv \sum_{ij} L_{\nu i}\, c_{\delta j}\, F_{x_i' x_j'} = 0 \qquad \delta = 2,\ 3,\ \ldots,\ \nu.$$

Außerdem soll $\mathbf{L}_\nu$ zur Richtung $\mathbf{c}_1$ transversal sein, also ist

$$(55) \qquad \sum_i L_{\nu i}\, F_{x_i'} = 0.$$

Zur Abkürzung setze man

$$(56) \qquad b_{1i} = F_{x_i'}, \qquad b_{\delta i} = \sum_{j=1}^{n} c_{\delta j}\, F_{x_i' x_j'} \qquad \delta = 2,\ 3,\ \ldots,\ \nu.$$

Mit Hilfe dieser Größen kann man die Gleichungen (54) und (55) zusammenfassen zu

$$(57) \qquad \sum_i b_{\alpha i}\, L_{\nu i} = 0 \qquad \alpha = 1,\ 2,\ \ldots,\ \nu.$$

Aus den Gleichungen (53) und (57) lassen sich die Komponenten des Vektors $\mathbf{L}_\nu$ berechnen; es sei wegen dieser Rechnung und wegen der Vorzeichen auf später verwiesen (§ 43). Man erhält so für die Komponenten der Hauptnormale:

$$\pm L_{1i} = \sum_{k=1}^{n} b_{1k} \begin{vmatrix} c_{1i} & c_{1k} \\ c_{2i} & c_{2k} \end{vmatrix},$$

für die Binormale:

$$\pm L_{2i} = \sum_{k,\, l = 1}^{n} \begin{vmatrix} b_{1k} & b_{1l} \\ b_{2k} & b_{2l} \end{vmatrix} \begin{vmatrix} c_{1i} & c_{1k} & c_{1l} \\ c_{2i} & c_{2k} & c_{2l} \\ c_{3i} & c_{3k} & c_{3l} \end{vmatrix},$$

für die dritte Normale:

$$\pm L_{3i} = \sum_{k,l,m} \begin{vmatrix} b_{1k} & b_{1l} & b_{1m} \\ b_{2k} & b_{2l} & b_{2m} \\ b_{3k} & b_{3l} & b_{3m} \end{vmatrix} \begin{vmatrix} c_{1i} & c_{1k} & c_{1l} & c_{1m} \\ c_{2i} & c_{2k} & c_{2l} & c_{2m} \\ c_{3i} & c_{3k} & c_{3l} & c_{3m} \\ c_{4i} & c_{4k} & c_{4l} & c_{4m} \end{vmatrix}$$

usw. bis zur $(r-1)^{\text{ten}}$ Normale.

Die Richtungen der Kurvennormalen sind in Bezug auf die oskulierende Indikatrix sämtlich zu einander konjugiert.

Die Ebene der $\nu^{\text{ten}}$ Normale kann durch den Vektor $\mathbf{c}_1$ und einen beliebigen Vektor von der Form

$$\pm \boldsymbol{l}_\nu = \mathbf{L}_\nu + \lambda \mathbf{c}_1$$

bestimmt werden, wobei $\lambda$ eine beliebige Zahl bedeutet.. Man kann z. B. $\lambda$ so wählen, daß die Komponenten der Vektoren $\boldsymbol{l}_1, \boldsymbol{l}_2, \boldsymbol{l}_3$ folgende Werte annehmen (vgl. § 44):

$$l_{1i} = c_{2i}; \quad l_{2i} = \sum_k b_{2k} \begin{vmatrix} c_{2i} & c_{2k} \\ c_{3i} & c_{3k} \end{vmatrix}; \quad l_{3i} = \sum_{k,l} \begin{vmatrix} b_{2k} & b_{2l} \\ b_{3k} & b_{3l} \end{vmatrix} \begin{vmatrix} c_{2i} & c_{2k} & c_{2l} \\ c_{3i} & c_{3k} & c_{3l} \\ c_{4i} & c_{4k} & c_{4l} \end{vmatrix}.$$

---

## VII. Die erste Krümmung.

**Erste Definition.** 36. Die erste Krümmung einer Kurve kann man durch reine Längenmessungen finden, ohne von Winkelmessung Gebrauch zu machen.

Es sei nämlich $b$ die Länge eines von den Punkten 1 und 2 begrenzten Bogens der Kurve $\mathbf{C}$, $s$ sei die Länge der zugehörigen Sehne. Rücken nun die Punkte 1 und 2 in den Punkt $P$ zusammen, so kann die Krümmung $k$ der Kurve $\mathbf{C}$ durch die Gleichung definiert werden:

$$k = \sqrt{\lim_{b=0} 24 \frac{b-s}{b^3}}. \tag{58}$$

Wir sehen die Krümmung einer Kurve im allgemeinen als zweiwertige Größe an, ohne ihr ein bestimmtes Vorzeichen beizulegen. Nur wenn auf der Hauptnormale unabhängig von der Krümmung der Kurve ein bestimmter Richtungssinn ausgezeichnet ist, so soll die Krümmung positiv oder negativ sein, je nachdem der positive Sinn der Hauptnormale mit diesem ausgezeichneten Richtungssinn übereinstimmt oder nicht.

**Berechnung.** 37. Zur Berechnung der Krümmung $k$ legen wir durch den Punkt $P$ eine beliebige reguläre Hyperfläche, welche die Kurve **C** transversal schneidet. Diejenigen Extremalen, welche von dieser Hyperfläche transversal geschnitten werden, bilden in der Umgebung von $P$ ein Feld, welches die Tangente der Kurve **C** enthält. Die Regularität des Feldes folgt aus der Regularität der Hyperfläche und der Tatsache, daß die Extremalen nach § 18 die Hyperfläche nicht berühren. Man kann nämlich, wenn man den Parameter $\tau$ so definiert, daß er auf der Hyperfläche verschwindet, die Feldextremalen in der Form

$$\mathsf{x} = \mathsf{x}\,(\tau, h_1, \ldots, h_{n-1})$$

darstellen, während

$$\mathsf{x} = \mathsf{x}\,(0, h_1, \ldots, h_{n-1})$$

die Hyperfläche darstellt, also nach (3)

$$\left[\frac{\partial \mathsf{x}}{\partial h_1}, \ldots, \frac{\partial \mathsf{x}}{\partial h_{n-1}}\right] \neq 0$$

ist. Da nun die Richtungen $\dfrac{\partial \mathsf{x}}{\partial h_1}, \ldots, \dfrac{\partial \mathsf{x}}{\partial h_{n-1}}$ der Hyperfläche angehören, während dies für $\dfrac{\partial \mathsf{x}}{\partial \tau}$ nicht der Fall ist, so folgt, daß die für die Regularität des Feldes notwendige Bedingung (vgl. (6))

$$\left[\frac{\partial \mathsf{x}}{\partial \tau}, \frac{\partial \mathsf{x}}{\partial h_1}, \ldots, \frac{\partial \mathsf{x}}{\partial h_{n-1}}\right] \neq 0$$

erfüllt ist.

Die Koordinaten seien auf den Feldextremalen mit $\mathsf{z}$, auf der Tangente mit $\xi$, auf der Sehne mit $\bar{\xi}$ bezeichnet. Ferner werde

$$\mathsf{z}' = \mathsf{p}, \qquad \mathsf{C}' = \mathsf{q}, \qquad \bar{\xi}' = \bar{\mathsf{q}}$$

gesetzt.

Die Differenz $b-s$ kann man nun mit Hilfe der $E$-Funktion ausdrücken, wobei wir bekannte Sätze der Variationsrechnung benutzen.[1]) Durch die Punkte 1 und 2 gehen zwei Transversalhyperflächen, welche von den Extremalen des Feldes gleiche Stücke von der Länge $\delta$ abschneiden. Man erhält durch Integration längs der Kurve **C**:

$$\int_{t_1}^{t_2} E(\mathfrak{p}, \mathfrak{q})\, dt = b - \delta,$$

durch Integration längs der Sehne:

$$\int_{t_1}^{t_2} E(\mathfrak{p}, \bar{\mathfrak{q}})\, d\tau = s - \delta.$$

Es ist also

$$\frac{b-s}{b^3} = \frac{\int_{t_1}^{t_2} E(\mathfrak{p}, \mathfrak{q})\, dt - \int_{t_1}^{t_2} E(\mathfrak{p}, \bar{\mathfrak{q}})\, d\tau}{\left(\int_{t_1}^{t_2} F\, dt\right)^3}.$$

Wenn die Punkte 1 und 2 in irgend einer Weise gegen den Punkt $P$ rücken, so hängt dieser Ausdruck noch von einem passend zu wählenden Parameter $\beta$ ab (etwa $\beta = b$). Für $\beta = 0$ sei $t_1 = t_2 = 0$, also $b = 0$. Der Ausdruck $\dfrac{b-s}{b^3}$ wird dann unbestimmt, man muß Zähler und Nenner dreimal nach $\beta$ differenzieren, um den richtigen Grenzwert zu erhalten.

Nach § 18 ist

$$E(\mathfrak{p}, \mathfrak{q}) = \frac{1}{2} \sum_{ij} (q_i - p_i)(q_j - p_j)\, F_{x_i' x_j'}(\mathfrak{p} + \vartheta_{ij}(\mathfrak{q} - \mathfrak{p})) \qquad 0 < \vartheta_{ij} < 1. \qquad (59)$$

Die Funktion $E(\mathfrak{p}, \mathfrak{q})$ hängt nicht von $\beta$ ab, und da für $\beta = 0$ $\mathfrak{q} = \mathfrak{p}$, also $E = 0$ und $\dfrac{dE}{dt} = 0$ wird, so ist

$$\frac{d^3 \int_{t_1}^{t_2} E(\mathfrak{p}, \mathfrak{q})\, dt}{d\beta^3} = \frac{d^2 E(\mathfrak{p}, \mathfrak{q})}{dt^2} \left[\left(\frac{dt_2}{d\beta}\right)^3 - \left(\frac{dt_1}{d\beta}\right)^3\right].$$

---

[1]) *Bolza* l. c. S. 646, 650.

Da ferner die Sekante $\bar{\xi}$ für $\beta = 0$ mit der Tangente $\xi$ zusammenfällt, so ist

$$\bar{\mathfrak{q}} \doteqdot \mathfrak{p} \quad \text{und} \quad \frac{\partial \bar{\mathfrak{q}}}{\partial \tau} \doteqdot \frac{\partial \mathfrak{p}}{\partial \tau},$$

also verschwindet die Funktion $\overline{E} = E\,(\mathfrak{p},\ \bar{\mathfrak{q}})$ für $\beta = 0$ samt den Ableitungen

$$\frac{\partial \overline{E}}{\partial \tau}, \quad \frac{\partial \overline{E}}{\partial \beta}, \quad \frac{\partial^2 \overline{E}}{\partial \tau^2}, \quad \frac{\partial^2 \overline{E}}{\partial \tau\, \partial \beta} \qquad \text{(vgl. (59))}.$$

Infolgedessen wird

$$\frac{d^3 \displaystyle\int_{t_1}^{t_2} E\,(\mathfrak{p},\ \bar{\mathfrak{q}})\, d\tau}{d\beta^3} \doteqdot 3\, \frac{\partial^2 E\,(\mathfrak{p},\ \bar{\mathfrak{q}})}{\partial \beta^2} \left( \frac{dt_2}{d\beta} - \frac{dt_1}{d\beta} \right).$$

Wir nehmen $\dfrac{dt_2}{d\beta} - \dfrac{dt_1}{d\beta} \neq 0$ an.　Dann ist also

$$(60) \qquad \lim_{\beta=0} \frac{b-s}{b^3} = \frac{\dfrac{d^2 E(\mathfrak{p},\mathfrak{q})}{dt^2} \left[ \left(\dfrac{dt_2}{d\beta}\right)^3 - \left(\dfrac{dt_1}{d\beta}\right)^3 \right] - 3\, \dfrac{\partial^2 E(\mathfrak{p},\overline{\mathfrak{q}})}{\partial \beta^2} \left( \dfrac{dt_2}{d\beta} - \dfrac{dt_1}{d\beta} \right)}{6\, F^3 \left( \dfrac{dt_2}{d\beta} - \dfrac{dt_1}{d\beta} \right)^3}.$$

Aus (59) folgt, da $\mathfrak{p}$ von $\beta$ unabhängig ist,

$$(61) \qquad \frac{\partial^2 E(\mathfrak{p},\overline{\mathfrak{q}})}{\partial \beta^2} \doteqdot \varPhi \left( \frac{\partial \bar{\mathfrak{q}}}{\partial \beta} \right).$$

Um $\dfrac{\partial \bar{\mathfrak{q}}}{\partial \beta}$ zu berechnen, benutzen wir für die Koordinaten des Punktes 1 die Entwicklungen:

$$\mathfrak{C}_1 = \mathfrak{C}_0 + t_1\, \mathfrak{C}_0' + \frac{t_1^2}{2!}\, \mathfrak{C}_0'' + ((t_1^3))$$

$$\mathfrak{C}_1 = \bar{\xi}_0 + t_1\, \bar{\xi}_0' + \frac{t_1^2}{2!}\, \bar{\xi}_0'' + ((t_1^3)).$$

Es folgt

$$0 = (\mathfrak{C}_0 - \bar{\xi}_0) + t_1\, (\mathfrak{C}_0' - \bar{\xi}_0') + \frac{t_1^2}{2!}\, (\mathfrak{C}_0'' - \bar{\xi}_0'') + ((t_1^3)).$$

Die Koeffizienten dieser Entwicklung sind für $\tau = 0$ zu nehmen, die Gleichung gilt aber identisch in $\beta$. Wenn man sie zweimal nach $\beta$ differenziert und $\beta = 0$ setzt, so erhält man:

$$0 \doteq -\frac{\partial^2 \bar{\xi}}{\partial \beta^2} - 2 \frac{dt_1}{d\beta} \frac{\partial \bar{\xi}'}{\partial \beta} + \left(\frac{dt_1}{d\beta}\right)^2 (\mathbf{C}'' - \xi'').$$

Subtrahiert man davon die entsprechende, für den Punkt 2 gebildete Gleichung, so findet man:

$$0 \doteq 2 \frac{\partial \bar{\xi}'}{\partial \beta} \left(\frac{dt_2}{d\beta} - \frac{dt_1}{d\beta}\right) - (\mathbf{C}'' - \xi'') \left[\left(\frac{dt_2}{d\beta}\right)^2 - \left(\frac{dt_1}{d\beta}\right)^2\right]$$

$$\frac{\partial \bar{\mathbf{q}}}{\partial \beta} = \frac{\partial \bar{\xi}'}{\partial \beta} \doteq \frac{1}{2} (\mathbf{C}'' - \xi'') \left(\frac{dt_2}{d\beta} + \frac{dt_1}{d\beta}\right).$$

Nach Gleichung (61) ist also:

$$\frac{\partial^2 E(\mathbf{p}, \bar{\mathbf{q}})}{\partial \beta^2} \doteq \frac{1}{4} \left(\frac{dt_2}{d\beta} + \frac{dt_1}{d\beta}\right)^2 \varPhi (\mathbf{C}'' - \xi''). \tag{62}$$

Nun ist $\mathbf{C}'' \doteq \mathbf{q}'$ und $\xi'' \doteq \mathbf{p}'$, wobei es nach § 10 gleichgültig ist, ob die Ableitung $\mathbf{p}'$ längs der Tangente oder längs der Kurve $\mathbf{C}$ gebildet wird. Es ist daher nach (59):

$$\varPhi (\mathbf{C}'' - \xi'') \doteq \frac{d^2 E(\mathbf{p}, \mathbf{q})}{dt^2}.$$

Setzt man nun (62) in (60) ein, so heben sich die Ableitungen von $t_1$ und $t_2$ weg und man erhält

$$\lim_{\beta = 0} \frac{b - s}{b^3} \doteq \frac{E''(\mathbf{p}, \mathbf{q})}{24 \, F^3} \doteq \frac{\varPhi (\mathbf{C}'' - \xi'')}{24 \, F^3}.$$

Dies gilt allgemein, die Punkte 1 und 2 können unabhängig von einander gegen den Punkt $P$ rücken, nur soll $\dfrac{dt_2}{d\beta} - \dfrac{dt_1}{d\beta}$ für $\beta = 0$ nicht verschwinden.

Aus der Definitionsgleichung (58) erhält man damit für die Krümmung $k$ die Formeln:

$$(63) \qquad k^2 = \frac{E''(\mathbf{p},\mathbf{q})}{F^3} \qquad\qquad\qquad \text{oder}$$

$$(64) \qquad k^2 = \frac{\Phi(\mathbf{C}'' - \xi'')}{F^3}\,.$$

38. Bei der Gleichung (63) ist es wesentlich, daß die $E$-Funktion für ein im Punkte $P$ reguläres Feld gebildet wird. Nimmt man z. B. anstatt eines solchen Feldes die Schar der Extremalen, die von $P$ ausgehen, so liefert der Grenzübergang die Formel:

$$k^2 = \lim_{b=0} 24 \frac{b-s}{b^3} = \lim_{t=0} 24 \frac{\int_0^t E(\mathbf{p},\mathbf{q})\,dt}{\left(\int_0^t F\,dt\right)^3} = 4 \frac{E''}{F^3}\,.$$

Es ist aber bei Gleichung (63) nicht nötig, daß das Feld aus Extremalen besteht; es genügt ein beliebiges Kurvenfeld, welches die Tangente umgibt. Man kann auch anstatt der Tangente die Kurve $\mathbf{C}$ mit einem Feld umgeben und die Ableitung $E''$ längs der Tangente bilden. Denn in allen Fällen kann man zu Gleichung (64) übergehen und erhält dasselbe Resultat, da diese Gleichung von dem speziellen Feld ganz unabhängig ist.

**Andere Definitionen und Sätze.** 39. Gewöhnlich definiert man die Krümmung einer Kurve durch den Grenzwert

$$k = \lim_{\varDelta s=0} \frac{\varDelta \vartheta}{\varDelta s}\,,$$

wenn $\varDelta\vartheta$ den Winkel zwischen benachbarten Tangenten, $\varDelta s$ die Länge des zugehörigen Kurvenbogens bedeutet. Dies führt in unserem Falle zu folgender Definition:

Die Tangente der Kurve $\mathbf{C}$ sei mit einem beliebigen Kurvenfeld umgeben. $\vartheta$ sei der Winkel, den die Kurve $\mathbf{C}$ mit den Feldkurven bildet, welche sie trifft. $\vartheta$ ist eine Funktion der Bogenlänge $s$ der

Kurve **C**. *Die erste Ableitung von $\vartheta$ nach $s$ ergibt für den Punkt $P$ die Krümmung der Kurve:*

$$k = \frac{d\vartheta}{ds}.$$

Benützt man für den Winkel $\vartheta$ die Formel (38) oder (39) (§ 20), so erhält man wegen $\frac{ds}{dt} = F$ und $\mathbf{p}' = \boldsymbol{\xi}''$ direkt die Formeln

$$k^2 = \frac{E''(\mathbf{p}, \mathbf{q})}{F^3} = \frac{\Phi(\mathbf{C}'' - \boldsymbol{\xi}'')}{F^3}.$$

Man kann auch die Kurve **C** mit einem Kurvenfeld umgeben und hat dann in jedem Punkt der Tangente zwei Richtungen **p**, **q**, welche einen Winkel $\vartheta$ einschließen. Die Ableitung dieses Winkels nach der Bogenlänge der Tangente liefert ebenfalls die Krümmung der Kurve **C**.

Aus (64) folgt:

*Der reziproke Wert der Krümmung $k$ ist gleich dem in § 28 definierten Berührungsmaß erster Ordnung zwischen der Kurve und ihrer Tangente.*

*Die erste Krümmung der Extremalen verschwindet identisch; umgekehrt sind dies auch die einzigen Kurven mit dieser Eigenschaft.*

Denn wenn $k = 0$, also $\Phi(\mathbf{C}'' - \boldsymbol{\xi}'') = 0$ ist, so ist nach § 21 $\mathbf{C}'' = \boldsymbol{\xi}''$, die Kurve **C** berührt also ihre Tangente $\boldsymbol{\xi}$ in mindestens zweiter Ordnung. Gilt dies für jeden Punkt der Kurve **C**, so genügt sie der Lagrangeschen Differentialgleichung zweiter Ordnung, sie ist dann also selbst eine Extremale.

Der Parameter $\tau = \tau(\mathbf{x})$ war bisher eine beliebige Funktion der Koordinaten **x**. Wählt man speziell die $n^{\text{te}}$ Koordinate $x_n$ als Parameter, so wird $C_n'' = \xi_n'' = 0$. Die Formel (64) lautet dann

$$k^2 = \frac{1}{F^3} \sum_{i,j=1}^{n-1} (C_i'' - \xi_i'')(C_j'' - \xi_j'') F_{x_i' x_j'},$$

sie behält also ihre Form, nur ist $n$ durch $n-1$ ersetzt. Man kann dies auch so ausdrücken:

*Die Formel*

$$k^2 = \frac{1}{F^3} \sum_{i,j=1}^{n} (C_i'' - \xi_i'')(C_j'' - \xi_j'') F_{x_i' x_j'}$$

*gilt für Kurven des n-dimensionalen Raumes bei beliebiger Parameter-darstellung. Sie gilt aber auch für Kurven eines $(n+1)$-dimensionlen Raumes mit den Koordinaten $x_1$, $x_2$, ..., $x_n$, $\tau$, falls die Koordinate $\tau$ als Parameter gewählt wird. Die Funktion $F$ kann dabei explizit von $\tau$ abhängen.*

**Der Fall $n = 2$. Beispiele.** 40. Es sei jetzt speziell $n = 2$; die Koordinaten des $R_2$ seien $x$ und $y$. Die Funktion $F_1$ (vgl. § 16) lautet dann:

$$F_1 = \frac{F_{x'x'}}{y'^2} = -\frac{F_{x'y'}}{x'y'} = \frac{F_{y'y'}}{x'^2}\,.$$

Die Krümmung einer Kurve $x = x(t)$, $y = y(t)$ ist also nach (64):

$$(65) \qquad k = \sqrt{\frac{F_1}{F^3}}\left[(x'y'' - x''y') - (\xi'\eta'' - \xi''\eta')\right].$$

Dabei genügen die Größen $\xi''$, $\eta''$ der Lagrangeschen Differential-gleichung, die in der Weierstraßschen Form[1]) lautet:

$$F_{xy'} - F_{yx'} + F_1(\xi'\eta'' - \xi''\eta') = 0\,.$$

Durch Elimination von $\xi''$, $\eta''$ aus den beiden letzten Gleichungen erhält man:

$$k = \frac{1}{\sqrt{F_1\,F^3}}\left(F_{xy'} - F_{yx'} + F_1(x'y'' - y'x'')\right).$$

Dies zeigt, daß die Krümmung $k$ für $n = 2$ mit der Invariante identisch ist, welche Herr Landsberg als „extremale Krümmung" bezeichnet hat.[2])

Setzt man

$$\frac{x'y'' - x''y'}{(x'^2 + y'^2)^{\frac{3}{2}}} = \mathfrak{k} \qquad\qquad \frac{\xi'\eta'' - \xi''\eta'}{(\xi'^2 + \eta'^2)^{\frac{3}{2}}} = \bar{\mathfrak{k}},$$

so folgt aus (65):

$$k = \sqrt{\frac{F_1}{F^3}}\,(x'^2 + y'^2)^{\frac{3}{2}}(\mathfrak{k} - \bar{\mathfrak{k}})\,.$$

---

[1]) *Bolza* l. c. S. 203.
[2]) *Landsberg* l. c. S. 329. *Bolza* l. c. S. 346.

Diese Gleichung zeigt den Zusammenhang der Krümmung $k$ mit den im cartesischen $xy$ - Koordinatensystem gemessenen gewöhnlichen Krümmungen $\mathfrak{k}$ und $\bar{\mathfrak{k}}$ der Kurve und ihrer Tangente.

Wird $x$ als Parameter gewählt, so ist die Krümmung einer Kurve $y = y\,(x)$:

$$k = (y'' - \eta'')\sqrt{\frac{F_{y'y'}}{F^3}}\,. \tag{66}$$

Ist speziell

$$F^2 = e\,u'^2 + 2f\,u'\,v' + g\,v'^2,$$

wobei $e, f, g$ Funktionen der Koordinaten $u$ und $v$ sind, so ist $k$ mit der aus der Flächentheorie bekannten geodätischen Krümmung identisch.[1]

Wenn die Koordinatenlinien $v =$ const aus einer Schar von geodätischen Linien bestehen, und wenn $u$ die von einer bestimmten Orthogonaltrajektorie aus gemessene Länge dieser Linien angibt, so nimmt die Funktion $F$ die Form an[2]:

$$F = \sqrt{u'^2 + g\,v'^2}.$$

Die Krümmung einer Kurve in einem Punkt, für welchen $\dfrac{dv}{du} = 0$ ist, kann man dann nach Gleichung (63) ausrechnen.   Mit

$$\mathfrak{p} = (1, 0) \qquad \mathfrak{q} = \left(1, \frac{dv}{du}\right)$$

wird nach (33):

$$E\,(\mathfrak{p}, \mathfrak{q}) = \sqrt{1 + g\left(\frac{dv}{du}\right)^2} - 1,$$

also

$$k^2 = \frac{E''}{F^3} = g\left(\frac{d^2v}{du^2}\right)^2.$$

Dasselbe ergibt Gleichung (66).

Auch die Krümmung der Linien $u =$ const läßt sich leicht berechnen.   Mit

$$F = \sqrt{p^2 + g} \qquad p = \frac{du}{dv}$$

<hr>

[1] *Landsberg* l. c. S. 329. *Bolza* l. c. S. 347.

[2] *C. F. Gauss*: Disquisitiones generales circa superficies curvas. (1827) art. 19. (Ges. Werke Bd. IV.)

*G. Scheffers*: Anwendung der Differential- und Integralrechnung auf Geometrie. Bd. II (Leipzig 1913), S. 505.

erhält man für $p = 0$:

$$\frac{F_{pp}}{F^3} = \frac{1}{g^2}.$$

Aus der Lagrangeschen Differentialgleichung folgt

$$\eta'' = \frac{d^2u}{dv^2} = \frac{1}{2}\frac{\partial g}{\partial u},$$

daher ist nach (66):

$$k = \pm\frac{1}{2g}\frac{\partial g}{\partial u}.^{[1]}$$

Ebenso folgt die Krümmung einer beliebigen Kurve im Berührungspunkt mit einer Kurve $u = \mathrm{const}$:

$$k = \pm\frac{1}{g}\left(\frac{d^2u}{dv^2} - \frac{1}{2}\frac{\partial g}{\partial u}\right).$$

---

# VIII. Die höheren Krümmungen.

**Definition und Formeln.** 41. Die gegebene Kurve **C** sei mit einem Kurvenfeld $\mathfrak{C}^*$ umgeben. $\mathbf{C}_\nu$ sei eine normale Projektion der Kurve **C** auf ihren $\nu$-dimensionalen Schmiegungsraum $S_\nu$. Die Projektionsrichtung soll also in der Ebene der $\nu^{\text{ten}}$ Normale liegen, sie kann z. B. mit dieser Normale selbst zusammenfallen. Die Kurve $\mathbf{C}_\nu$ bildet mit den Feldkurven, welche sie trifft, einen Winkel $\vartheta_\nu$; man kann ihn als den Kontingenzwinkel zwischen der Kurve **C** und dem Schmiegungsraum $S_\nu$ bezeichnen.

$\vartheta_\nu$ ist eine Funktion der Bogenlänge $s$ der Kurve $\mathbf{C}_\nu$. Die ersten $\nu - 1$ Ableitungen des Winkels $\vartheta_\nu$ nach $s$ verschwinden im Punkte $P$ (s. u.); *die $\nu^{te}$ Ableitung ergibt das Produkt der $\nu$ ersten Krümmungen der Kurve* **C**:

$$(67)\qquad\qquad k_1\,k_2\ldots k_\nu = \frac{d^\nu\vartheta_\nu}{ds^\nu}.$$

Diese Definition der höheren Krümmungen entspricht nicht der in der Kurventheorie üblichen, sie ist aber unseren Zwecken besser

---

[1] *Scheffers* 1. c. Bd. II, S. 548.

angepaßt. Daß sie für die euklidische Geometrie das richtige Resultat ergibt, werden wir später zeigen § (45).

Die erste Krümmung $k_1$ ist mit der Krümmung $k$ identisch (vgl. § 39), die wir in Nr. VII betrachtet haben. $k_2$ ist die zweite Krümmung oder *Torsion*, $k_\nu$ die $\nu^{\text{te}}$ Krümmung.

Das Vorzeichen der Krümmungen ist unbestimmt, da auch der Winkel $\vartheta_\nu$ kein bestimmtes Vorzeichen hat. Wir sehen also die Krümmungen im allgemeinen als zweiwertige Größen an, doch wollen wir festsetzen, daß das Produkt der $\nu$ ersten Krümmungen positiv oder negativ sein soll, je nachdem der positive Richtungssinn der $\nu^{\text{ten}}$ Normale mit einem auf dieser Normale irgendwie festgelegten Richtungssinn übereinstimmt oder nicht (vgl. § 36).

42. Die Kurven $C$ und $C_\nu$ berühren sich in mindestens $\nu^{\text{ter}}$ Ordnung. Bezeichnen wir die Feldkurven, zu denen speziell die Kurve $C$ gehört, mit $\mathfrak{C}$, so ist $\mathfrak{C}'$ eine reguläre Ortsfunktion. Nach § 10 ergeben also die Ableitungen von $\mathfrak{C}'$ nach $\tau$ bis zur $\nu^{\text{ten}}$ Ordnung längs $C_\nu$ dasselbe Resultat wie längs $C$, d. h. es ist

$$\frac{d\mathfrak{C}'}{d\tau_\nu} \doteqdot C'',\ \frac{d^2\mathfrak{C}'}{d\tau_\nu^2} \doteqdot C''',\ \ldots,\ \frac{d^\nu\mathfrak{C}'}{d\tau_\nu^\nu} \doteqdot C^{(\nu+1)}.$$

Nun ist nach Gleichung (39):

$$\vartheta_\nu^2 = \frac{\Phi(\mathfrak{C}' - C_\nu')}{F(C_\nu')}\,(1+\delta) \qquad \lim_{\mathfrak{C}'=C_\nu'} \delta = 0\,.$$

Daraus folgt, daß der Winkel $\vartheta_\nu$ im Punkte $P$ in $\nu^{\text{ter}}$ Ordnung verschwindet, und man erhält:

$$\left(\frac{d^\nu \vartheta_\nu}{ds^\nu}\right)^2 = \frac{\Phi(C^{(\nu+1)} - C_\nu^{(\nu+1)})}{F^{2\nu+1}(C')}$$

also

$$(k_1 k_2 \ldots k_\nu)^2 = \frac{\Phi(C^{(\nu+1)} - C_\nu^{(\nu+1)})}{F^{2\nu+1}}\,. \tag{68}$$

Aus $\qquad 1 - \cos \vartheta_\nu = \dfrac{E(C_\nu',\, \mathfrak{C}')}{F(\mathfrak{C}')}$

erhält man ebenso:

$$(k_1 k_2 \ldots k_\nu)^2 = \frac{1}{2^{\nu-1}} \frac{E^{(2\nu)}(C_\nu',\, \mathfrak{C}')}{F^{2\nu+1}}\,.$$

Aus (68) und (46) § 30 folgt:

*Das Produkt der $\nu$ ersten Krümmungen ist gleich dem reziproken Berührungsmaß $\nu^{ter}$ Ordnung zwischen der Kurve und ihrem $\nu$-dimensionalen Schmiegungsraum.*

Aus den Produkten $k_1\,k_2\ldots k_\nu$ kann man für $1 \leq \nu \leq r$ (s. § 31) stets auch die Krümmungen $k_\nu$ selbst berechnen; im allgemeinen erhält man $n-1$ nicht identisch verschwindende Krümmungen (vgl. § 62).

*Die $\nu^{te}$ Krümmung $k_\nu$ verschwindet dann und nur dann, wenn die Kurve C den Schmiegungsraum $S_\nu$ in höherer als $\nu^{ter}$ Ordnung berührt.*

Die Krümmung $k_1$ verschwindet nur für die Extremalen identisch (s. § 39). Diejenigen Kurven, für welche entweder die Krümmung $k_1$ oder die Torsion $k_2$ identisch verschwindet, können als *ebene Kurven* bezeichnet werden. Sie können nach § 33 auch durch die Gleichung

$$[\mathbf{c}_1,\ \mathbf{c}_2,\ \mathbf{c}_3] = 0$$

charakterisiert werden. Wir nehmen aber im folgenden $k_1\,k_2\ldots k_\nu \neq 0$ an.

**Weitere Ausrechnung. 43.** In der Formel (68) ist noch der Vektor $\mathbf{C}^{(\nu+1)} - \mathbf{C}_\nu^{(\nu+1)}$ zu bestimmen. Nun ist nach Gleichung (47)

$$\mathbf{C}^{(\nu+1)} - \mathbf{C}_\nu^{(\nu+1)} = \mathbf{C}_\nu'\,\tau_\nu^{(\nu+1)} + \varrho_\nu^{(\nu+1)}\,\mathbf{l}_\nu .$$

Setzt man dies in (68) ein, so erhält man

$$(69) \qquad (k_1\,k_2\ldots k_\nu)^2 = \frac{\left(\varrho_\nu^{(\nu+1)}\right)^2}{F^{2\nu+1}}\,\Phi\,(\mathbf{l}_\nu).$$

Dabei gibt der Vektor $\mathbf{l}_\nu$ die Projektionsrichtung an. Wir nehmen zunächst an, daß $\mathbf{l}_\nu$ mit der $\nu^{ten}$ Normale $\mathbf{L}_\nu$ zusammenfällt. Dann gelten nach (57) die Gleichungen:

$$(70) \qquad \sum_{i=1}^{n} b_{ai}\,L_{\nu i} = 0 \qquad a = 1, 2, \ldots, \nu,$$

und aus (50) folgt

$$(71) \qquad \left[\mathbf{L}_\nu - \frac{1}{\varrho_\nu^{(\nu+1)}}\,\mathbf{c}_{\nu+1},\ (\nu)\right] = 0 .$$

Es gibt daher $\nu$ Zahlen $\beta_a$, so daß

$$(72) \qquad \mathbf{L}_\nu - \frac{1}{\varrho_\nu^{(\nu+1)}}\,\mathbf{c}_{\nu+1} + \sum_{a=1}^{\nu} \beta_a\,\mathbf{c}_a = 0$$

wird. Durch die Gleichungen (70) und (72) werden nach § 25 die Normale $L_\nu$ und folglich auch die Größen $-\dfrac{1}{\varrho_\nu^{(\nu+1)}}$ und $\beta_1, \ldots, \beta_\nu$ bis auf einen gemeinsamen Faktor eindeutig bestimmt, die Gleichungen sind also linear unabhängig. Es wird:

$$
\begin{vmatrix}
b_{11} & b_{12} & b_{13}\cdots b_{1n-1}\; b_{1n} & 0 & 0 & 0 & \cdots & 0 \\
b_{21} & b_{22} & b_{23}\cdots b_{2n-1}\; b_{2n} & 0 & 0 & 0 & \cdots & 0 \\
\multicolumn{8}{c}{\dots\dots\dots\dots\dots\dots\dots\dots\dots\dots} \\
b_{\nu1} & b_{\nu2} & b_{\nu3}\cdots b_{\nu n-1}\; b_{\nu n} & 0 & 0 & 0 & \cdots & 0 \\
1 & 0 & 0\cdots 0\quad\; 0 & c_{\nu+11} & c_{11} & c_{21} & \cdots & c_{\nu1} \\
0 & 1 & 0\cdots 0\quad\; 0 & c_{\nu+12} & c_{12} & c_{22} & \cdots & c_{\nu2} \\
\multicolumn{8}{c}{\dots\dots\dots\dots\dots\dots\dots\dots\dots\dots} \\
0 & 0 & 0\cdots 1\quad\; 0 & c_{\nu+1n-1} & c_{1n-1} & c_{2n-1} & \cdots & c_{\nu n-1} \\
0 & 0 & 0\cdots 0\quad\; 1 & c_{\nu+1n} & c_{1n} & c_{2n} & \cdots & c_{\nu n}
\end{vmatrix} \qquad (73)
$$

$$
= L_{\nu1} : L_{\nu2} : L_{\nu3} : \cdots : L_{\nu n-1} : L_{\nu n} : -\frac{1}{\varrho_\nu^{(\nu+1)}} : \beta_1 : \beta_2 : \cdots : \beta_\nu ,
$$

d. h. die Größen $L_{\nu1}$, $L_{\nu2}$, $\cdots$, $\beta_\nu$ sind den $n+\nu$-reihigen, mit wechselnden Vorzeichen versehenen Determinanten dieser Matrix proportional.

Die Größen $\beta_a$ sind unwesentlich; für die Komponenten von $L_\nu$ und für $\dfrac{1}{\varrho_\nu^{(\nu+1)}}$ folgen nach dem Laplaceschen Satze die Werte:

$$
\pm L_{\nu i} = \sum_{k,\,l,\,\ldots,\,q\,=\,1}^{n}
\begin{vmatrix}
b_{1k} & b_{1l} & \cdots & b_{1q} \\
b_{2k} & b_{2l} & \cdots & b_{2q} \\
\multicolumn{4}{c}{\dots\dots\dots\dots} \\
b_{\nu k} & b_{\nu l} & \cdots & b_{\nu q}
\end{vmatrix}
\begin{vmatrix}
c_{1i} & c_{1k} & c_{1l} & \cdots & c_{1q} \\
c_{2i} & c_{2k} & c_{2l} & \cdots & c_{2q} \\
\multicolumn{5}{c}{\dots\dots\dots\dots\dots} \\
c_{\nu i} & c_{\nu k} & c_{\nu l} & \cdots & c_{\nu q} \\
c_{\nu+1i} & c_{\nu+1k} & c_{\nu+1l} & \cdots & c_{\nu+1q}
\end{vmatrix}
$$

$$
\pm \frac{(-1)^\nu}{\varrho_\nu^{(\nu+1)}} = \sum_{k,\,l,\,\ldots,\,q\,=\,1}^{n}
\begin{vmatrix}
b_{1k} & b_{1l} & \cdots & b_{1q} \\
b_{2k} & b_{2l} & \cdots & b_{2q} \\
\multicolumn{4}{c}{\dots\dots\dots\dots} \\
b_{\nu k} & b_{\nu l} & \cdots & b_{\nu q}
\end{vmatrix}
\begin{vmatrix}
c_{1k} & c_{1l} & \cdots & c_{1q} \\
c_{2k} & c_{2l} & \cdots & c_{2q} \\
\multicolumn{4}{c}{\dots\dots\dots\dots} \\
c_{\nu k} & c_{\nu l} & \cdots & c_{\nu q}
\end{vmatrix}
\qquad (74)
$$

Die Indizes $k, l, \ldots, q$ können dabei unabhängig von einander die Werte 1 bis $n$ durchlaufen.

Die Vorzeichen der einzelnen Summanden in diesen Ausdrücken stimmen überein. Jeder dieser Summanden besteht nämlich aus dem Produkte zweier Determinanten, welche sich innerhalb der Matrix (73) durch eine gerade Anzahl von Vertauschungen immer an dieselbe Stelle bringen lassen. Man kann zuerst die $n$ ersten Spalten in beliebiger Weise vertauschen und dann mit den $n$ letzten Zeilen die entsprechende Vertauschung vornehmen; die äußere Form der Matrix, d. h. die Stellung der Zahlen 0 und 1 wird dabei wieder die ursprüngliche.

Um das Vorzeichen von $\mathbf{L}_\nu$ zu bestimmen, berücksichtige man, daß der Ausdruck für $-\dfrac{1}{\varrho_\nu^{(\nu+1)}}$ aus demjenigen für $L_{\nu i}$ dadurch hervorgeht, daß man in der Matrix (73) die $(n+1)^{\text{te}}$ Spalte mit der $i^{\text{ten}}$ vertauscht. Dadurch werden in dem Ausdruck (74) für $L_{\nu i}$, wenn $i \neq k, l, \ldots, q$ ist, die Elemente der letzten Zeile der rechts stehenden Determinante durch Nullen ersetzt, mit Ausnahme des ersten, $c_{\nu+1\,i}$, das durch 1 zu ersetzen ist. Daraus ergeben sich die in (74) angegebenen Vorzeichen, von denen entweder nur die oberen oder nur die unteren zu nehmen sind. Aus der Bedingung $\varrho_\nu^{(\nu+1)} > 0$ ergibt sich dann das Vorzeichen von $\mathbf{L}_\nu$. In der Formel für die Krümmungen ist aber dieses Vorzeichen gleichgültig.

Für $\nu = 1, 2, 3$ erhält man aus (74) die in § 35 angegebenen Werte für die Komponenten der ersten drei Normalen. Die zugehörigen Werte von $\dfrac{1}{\varrho_\nu^{(\nu+1)}}$ sind:

$$\mp \frac{1}{\varrho_1''} = \sum_k b_{1k}\, c_{1k}$$

$$\pm \frac{1}{\varrho_2'''} = \sum_{k,l} \begin{vmatrix} b_{1k} & b_{1l} \\ b_{2k} & b_{2l} \end{vmatrix} \begin{vmatrix} c_{1k} & c_{1l} \\ c_{2k} & c_{2l} \end{vmatrix}$$

$$\mp \frac{1}{\varrho_3''''} = \sum_{k,l,m} \begin{vmatrix} b_{1k} & b_{1l} & b_{1m} \\ b_{2k} & b_{2l} & b_{2m} \\ b_{3k} & b_{3l} & b_{3m} \end{vmatrix} \begin{vmatrix} c_{1k} & c_{1l} & c_{1m} \\ c_{2k} & c_{2l} & c_{2m} \\ c_{3k} & c_{3l} & c_{3m} \end{vmatrix} \cdot$$

Daraus ergeben sich dann die Krümmungen

$$k_1{}^2 = \frac{\varrho_1{}''{}^2}{F^3}\, \varPhi\,(\mathsf{L}_1)$$

$$(k_1\,k_2)^2 = \frac{\varrho_2{}'''{}^2}{F^5}\, \varPhi\,(\mathsf{L}_2)$$

$$(k_1\,k_2\,k_3)^2 = \frac{\varrho_3{}''''{}^2}{F^7}\, \varPhi\,(\mathsf{L}_3)\,.$$

44. Einfachere Ausdrücke erhält man, wenn man als Argument von $\varPhi$ nicht gerade die $\nu^{\text{te}}$ Normale nimmt, sondern einen andern Vektor $l_\nu$ in der Ebene dieser Normale passend wählt. Man braucht dann die Gleichung (70) für $\nu = 1$, d. h. die Transversalitätsbedingung $\sum l_{\nu i}\,F_{x_i'} = 0$ nicht zu berücksichtigen und kann statt dessen zu dem Vektor $\mathsf{L}_\nu$ ein solches Vielfache von $\mathsf{c}_1$ addieren, daß an Stelle von (71) die Gleichung tritt

$$\left[ l_\nu - \frac{1}{\varrho_\nu^{(\nu+1)}}\,\mathsf{c}_{\nu+1},\ \mathsf{c}_2,\ \mathsf{c}_3,\ \ldots,\ \mathsf{c}_\nu \right] = 0\,.$$

Dies hat zur Folge, daß in der Matrix (73) die erste Zeile sowie die $(n+2)^{\text{te}}$ Spalte wegfällt, so daß man weiter in sämtlichen Determinanten, die in (74) vorkommen, die erste Zeile und die letzte Spalte streichen kann. Man kann also in die Formel (69) die Werte einsetzen:

$$l_{\nu i} = \sum_{k,\,l,\,\ldots,\,q=1}^{n}
\begin{vmatrix} b_{2k} & b_{2l} & \cdots & b_{2q} \\ b_{3k} & b_{3l} & \cdots & b_{3q} \\ \hdotsfor{4} \\ b_{\nu k} & b_{\nu l} & \cdots & b_{\nu q} \end{vmatrix}
\begin{vmatrix} c_{2i} & c_{2k} & c_{2l} & \cdots & c_{2q} \\ c_{3i} & c_{3k} & c_{3l} & \cdots & c_{3q} \\ \hdotsfor{5} \\ c_{\nu i} & c_{\nu k} & c_{\nu l} & \cdots & c_{\nu q} \\ c_{\nu+1\,i} & c_{\nu+1\,k} & c_{\nu+1\,l} & \cdots & c_{\nu+1\,q} \end{vmatrix}$$

$$\frac{1}{\varrho_\nu^{(\nu+1)}} = \sum_{k,\,l,\,\ldots,\,q=1}^{n}
\begin{vmatrix} b_{2k} & b_{2l} & \cdots & b_{2q} \\ b_{3k} & b_{3l} & \cdots & b_{3q} \\ \hdotsfor{4} \\ b_{\nu k} & b_{\nu l} & \cdots & b_{\nu q} \end{vmatrix}
\begin{vmatrix} c_{2k} & c_{2l} & \cdots & c_{2q} \\ c_{3k} & c_{3l} & \cdots & c_{3q} \\ \hdotsfor{4} \\ c_{\nu k} & c_{\nu l} & \cdots & c_{\nu q} \end{vmatrix}\,. \tag{75}$$

Für $\nu = 1$ und 2 gibt dies:

$$l_{1i} = c_{2i} \qquad\qquad l_{2i} = \sum_{k=1}^{n} b_{2k} \begin{vmatrix} c_{2i} & c_{2k} \\ c_{3i} & c_{3k} \end{vmatrix}$$

$$\frac{1}{\varrho_1{}''} = 1 \qquad\qquad \frac{1}{\varrho_2{}'''} = \sum_{k=1}^{n} b_{2k}\, c_{2k}$$

$$(76) \qquad k_1{}^2 = \frac{\Phi(\mathbf{c_2})}{F^3} \qquad (k_1 k_2)^2 = \frac{\varrho_2{}'''{}^2}{F^5}\, \Phi(l_2)\,.$$

Wählt man für den Parameter $\tau$ speziell die $n^{\text{te}}$ Koordinate $x_n$, so verschwinden nach (48), § 32, die $n^{\text{ten}}$ Komponenten aller Vektoren $\mathbf{c}_{\nu+1}$ für $\nu > 0$, denn es wird $C_n^{(\nu+1)} = \Gamma_{\nu n}^{(\nu+1)} = 0$. Daher verschwindet auch nach (75) die $n^{\text{te}}$ Komponente von $l_\nu$ und bei allen Summationen in (75) und (69) (bei $\Phi$) ist nur von 1 bis $n-1$ zu summieren. Daraus kann man, wie in § 39 bei der ersten Krümmung, den Schluß ziehen:

*Die Formeln (69), (75) für die Krümmungen einer Kurve gelten für Kurven des $n$-dimensionalen Raumes bei beliebiger Parameterdarstellung. Sie gelten aber unverändert auch für Kurven eines $(n+1)$-dimensionalen Raumes mit den Koordinaten $x_1, x_2, \ldots, x_n, \tau$, falls die Koordinate $\tau$ als Parameter gewählt wird. Die Funktion $F$ kann dabei explizit von $\tau$ abhängen.*

**Übereinstimmung mit der euklidischen Geometrie.** 45. Für die euklidische Geometrie des $n$-dimensionalen Raumes liefert die Definition (67) die richtigen Werte für die Krümmungen. Man kann, um dies zu zeigen, das cartesische Koordinatensystem so legen, daß die Koordinatenachsen mit den Kurvennormalen zusammenfallen und die Kurve $\mathbf{C}$ durch folgende Gleichungen dargestellt wird:

$$C_\nu = \frac{a_\nu}{\nu!}\, s^\nu + ((s^{\nu+1})) \qquad \nu = 1, 2, \ldots, n\,.$$

Dabei ist $a_1 = 1$ und $s$ bedeutet die Bogenlänge der Kurve $\mathbf{C}$. Der Schmiegungsraum $S_\nu$ ist mit dem Raum der Koordinaten $x_1, x_2, \ldots, x_\nu$

identisch. Eine Parallelverschiebung der Kurve **C** in allen zur $x_1$-Achse senkrechten Richtungen liefert ein Kurvenfeld $\mathfrak{C}^*$. Der Winkel $\vartheta_\nu$ zwischen den Feldkurven und der senkrechten Projektion der Kurve **C** auf den Raum $S_\nu$ ist gleich dem Winkel, den die Kurve **C** mit dem Raum $S_\nu$ bildet. Es ist also

$$\sin \vartheta_\nu = \frac{d\,C_{\nu+1}}{ds}.$$

Daraus folgt für $s = 0$:

$$\frac{d^\nu \vartheta_\nu}{ds^\nu} = \frac{d^{\nu+1} C_{\nu+1}}{ds^{\nu+1}},$$

daher
$$k_1\,k_2 \ldots k_\nu = a_{\nu+1}$$

und
$$k_\nu = \frac{a_{\nu+1}}{a_\nu}.$$

Dies stimmt mit den bekannten Werten für die Krümmungen überein.[1]

---

# IX. Andere Definition der höheren Krümmungen.

---

**Definition.** 46. Die Torsion einer Kurve wird gewöhnlich durch den Grenzwert $\lim\limits_{\varDelta s=0} \dfrac{\varDelta \Theta_2}{\varDelta s}$ definiert, wobei $\varDelta \Theta_2$ der Winkel zwischen benachbarten Schmiegungsebenen und $\varDelta s$ die Länge des zugehörigen Kurvenbogens ist. Ebenso erhält man die $\nu^{\text{te}}$ Krümmung durch $\lim\limits_{\varDelta s=0} \dfrac{\varDelta \Theta_\nu}{\varDelta s}$, wenn $\varDelta \Theta_\nu$ der Winkel zwischen zwei benachbarten $\nu$-dimensionalen Schmiegungsräumen ist, oder auch der Winkel zwischen den Ebenen der $(\nu-1)^{\text{ten}}$ Normalen.

Wir müssen diesen Winkel $\Theta_\nu$ $(\nu \geq 2)$ für das vorliegende Problem noch genauer definieren, um ihn wirklich messen zu können.

---

[1] *G. E. A. Brunel*: Sur les propriétés métriques des courbes gauches dans un espace linéaire à $n$ dimensions. Mathematische Annalen Bd. 19, S. 44. (In Formel (19) l. c. ist der Faktor 2 zu streichen.)

Dazu betrachten wir neben der Kurve $C$ noch eine Kurve $\Gamma$, welche die Kurve $C$ im Punkte $P$ in mindestens $\nu^{\text{ter}}$ und ihren Schmiegungsraum $S_\nu$ in mindestens $(\nu + 1)^{\text{ter}}$ Ordnung berührt. Nach unserer früheren Definition der Krümmungen besitzen die Kurven $C$ und $\Gamma$ dieselben $\nu - 1$ ersten Krümmungen, aber die $\nu^{\text{te}}$ Krümmung der Kurve $\Gamma$ verschwindet. Man kann eine solche Kurve $\Gamma$ z. B. dadurch erhalten, daß man die Kurve $C$ in beliebiger Richtung auf ihren Schmiegungsraum $S_\nu$ projiziert.

Die Kurve $C$ sei wieder mit einem Kurvenfeld $\mathfrak{C}^*$ umgeben. Durch einen beliebigen Punkt $Q$ der Kurve $\Gamma$ geht eine Feldkurve $\mathfrak{C}$ hindurch, deren Richtung $\mathfrak{C}'$ sich wenig von der Richtung $\Gamma'$ unterscheidet. Für diese beiden Kurven $\mathfrak{C}$ und $\Gamma$ seien im Punkte $Q$ die Ebenen der $(\nu - 1)^{\text{ten}}$ Normalen konstruiert; diejenige der Kurve $\mathfrak{C}$ sei durch die Vektoren $\mathfrak{l}$ und $\mathfrak{C}'$, diejenige von $\Gamma$ durch die Vektoren $\lambda$ und $\Gamma'$ festgelegt. Da wir aber nur die Winkel zwischen solchen Ebenen messen können, die eine Richtung gemeinsam haben, so ersetzen wir die Richtung $\mathfrak{C}'$ durch die Richtung $\Gamma'$, so daß wir zwei Ebenen erhalten, welche durch die Vektoren $\Gamma'$ und $\mathfrak{l}$, bezw. $\Gamma'$ und $\lambda$ bestimmt werden.

Den Winkel zwischen diesen beiden Ebenen kann man nach Gleichung (40) oder (41) messen. Wir bezeichnen ihn mit $\Theta_\nu$, er ist eine Funktion der Bogenlänge $s$ der Kurve $\Gamma$. Wir werden nun beweisen, *daß die erste Ableitung dieses Winkels nach $s$ die $\nu^{\text{te}}$ Krümmung der Kurve $C$ liefert:*

$$k_\nu \,\overline{\overline{=}}\, \frac{d\,\Theta_\nu}{ds}.$$

**Berechnung.** 47. Nach Gleichung (41) ist:

$$(77)\qquad \sin^2\Theta_\nu = \frac{\Phi\,(\mathfrak{l})\,\Phi\,(\mathfrak{l} - \lambda) - \Phi^2\,(\mathfrak{l}, \mathfrak{l} - \lambda)}{\Phi\,(\mathfrak{l})\quad\Phi\,(\lambda)}.$$

Man projiziere die Kurven $\mathfrak{C}$ und $\Gamma$ normal auf ihre zum Punkte $Q$ gehörenden Schmiegungsräume $S_{\nu-1}$; die entstehenden Projektionen seien $\mathfrak{C}_{\nu-1}$ und $\Gamma_{\nu-1}$. Die Projektionsrichtungen fallen in die Ebenen der $(\nu - 1)^{\text{ten}}$ Normalen der entsprechenden Kurven; dasselbe gilt von den Vektoren $\mathfrak{C}^{(\nu)} - \mathfrak{C}^{(\nu)}_{\nu-1}$ und $\Gamma^{(\nu)} - \Gamma^{(\nu)}_{\nu-1}$ (vgl. (47), § 32) und nach Voraussetzung auch von den Vektoren $\mathfrak{l}$ und $\lambda$. Man kann also diese Vektoren $\mathfrak{l}$ und $\lambda$, deren Länge gleichgültig ist, in folgender Form darstellen:

$$\left.\begin{aligned} \mathfrak{l} &= \mathfrak{C}^{(\nu)} - \mathfrak{C}^{(\nu)}_{\nu-1} + \beta\,\mathfrak{C}' \\ \lambda &= \Gamma^{(\nu)} - \Gamma^{(\nu)}_{\nu-1} + \bar\beta\,\Gamma'. \end{aligned}\right\} \tag{78}$$

Wir nehmen $\bar\beta = \beta$ an. Dies ist keine Einschränkung, denn eine Änderung von $\bar\beta$ hat auf den Winkel $\Theta_\nu$ keinen Einfluß. Im Punkte $P$ ist dann $\mathfrak{l} = \lambda$, also auch

$$\Phi(\mathfrak{l}) = \Phi(\lambda).$$

Differenziert man nun Gleichung (77) zweimal nach $\tau$, so erhält man

$$\Theta_\nu^{'2} = \frac{\Phi(\mathfrak{l}' - \lambda')}{\Phi(\mathfrak{l})} - \frac{\Phi^2(\mathfrak{l}, \mathfrak{l}' - \lambda')}{\Phi^2(\mathfrak{l})}. \tag{79}$$

48. $\mathfrak{c}_\alpha$ bezw. $\gamma_\alpha$ seien die Grundvektoren der Kurven $\mathfrak{C}$ und $\Gamma$ im Punkte $Q$. Für $\tau = 0$ ist die Kurve $\mathfrak{C}$ mit $\mathbf{C}$ identisch und da diese von der Kurve $\Gamma$ in $\nu^{\text{ter}}$ Ordnung berührt wird, so ist

$$\mathbf{c}_\alpha = \mathfrak{c}_\alpha = \gamma_\alpha \qquad \alpha = 1, 2, \ldots, \nu. \tag{80}$$

Längs der Kurve $\Gamma$ sind $\mathfrak{c}_\alpha$ und $\gamma_\alpha$ Funktionen von $\tau$; wir wollen zeigen, daß die ersten Ableitungen derselben nach $\tau$ im Punkte $P$ für $\alpha < \nu$ übereinstimmen:

$$\mathfrak{c}_\alpha' = \gamma_\alpha' \qquad \alpha = 1, 2, \ldots, \nu - 1.$$

Nach Gleichung (48), § 32, ist

$$\mathfrak{c}_\alpha = \mathfrak{C}^{(\alpha)} - \mathfrak{A},$$

wobei der Ausdruck $\mathfrak{A}$ eindeutig bestimmt ist, wenn die Koordinaten $\mathfrak{C}$ und die Vektoren $\mathfrak{c}_\sigma$ für $\sigma < \alpha$ bekannt sind. Da $\mathfrak{C}^{(\alpha)}$ in der Umgebung von $P$ eine reguläre Ortsfunktion ist, so ist

$$\frac{d}{d\tau}\,\mathfrak{C}^{(\alpha)} = \frac{d}{dt}\,\mathfrak{C}^{(\alpha)} = \mathbf{C}^{(\alpha+1)},$$

man erhält also

$$\mathfrak{c}_\alpha' = \mathbf{C}^{(\alpha+1)} - \mathfrak{A}'.$$

Ebenso ist

$$\gamma_\alpha' = \Gamma^{(\alpha+1)} - \mathbf{A}'.$$

Die Ableitungen $\mathfrak{A}'$ und $A'$ stimmen im Punkte $P$ miteinander überein, falls für $\sigma < \alpha$ außer $\mathfrak{c}_\sigma \doteqdot \gamma_\sigma$ (vgl. (80)) auch noch $\mathfrak{c}'_\sigma \doteqdot \gamma'_\sigma$ ist. Ferner ist nach Voraussetzung für $\alpha < \nu$

$$\mathbf{C}^{(\alpha+1)} \doteqdot \varGamma^{(\alpha+1)},$$

es folgt also

(81)
$$\mathfrak{c}'_\alpha \doteqdot \gamma'_\alpha \qquad \text{für } \alpha = 1, 2, \ldots, \nu - 1,$$

dagegen ist

$$\mathfrak{c}'_\nu - \gamma'_\nu \doteqdot \mathbf{C}^{(\nu+1)} - \varGamma^{(\nu+1)}.$$

Aus der Definition der Vektoren $\mathfrak{l}$ und $\mathfrak{c}_\nu$ (Gl. (78) und (48)) folgt wegen Satz I (§ 12):

$$[\mathfrak{l} - \mathfrak{c}_\nu, \; (\nu - 1)] \doteqdot 0,$$

also ist
$$\mathfrak{l} \doteqdot \mathfrak{c}_\nu + \sum_{a=1}^{\nu-1} \mathfrak{m}_a \mathfrak{c}_a,$$

ebenso
$$\lambda \doteqdot \gamma_\nu + \sum_{a=1}^{\nu-1} \mu_a \gamma_a.$$

Durch Differenzieren erhält man mit Hilfe der eben abgeleiteten Gleichungen:

(82)
$$\mathfrak{l}' - \lambda' \doteqdot \mathbf{C}^{(\nu+1)} - \varGamma^{(\nu+1)} + \sum_{a=1}^{\nu-1} (\mathfrak{m}'_a - \mu'_a) \mathfrak{c}_a.$$

49. $\mathbf{C}_\nu$ sei eine normale Projektion der Kurve $\mathbf{C}$ auf ihren Schmiegungsraum $S_\nu$. Der Vektor

(83)
$$\mathbf{L} = \mathbf{C}^{(\nu+1)} - \dot{\mathbf{C}}_\nu^{(\nu+1)}$$

liegt in der Ebene der $\nu^{\text{ten}}$ Normale von $\mathbf{C}$. Die Kurven $\mathbf{C}_\nu$ und $\varGamma$ berühren sich in $\nu^{\text{ter}}$ Ordnung. Die $(\nu+1)^{\text{ten}}$ Grundvektoren dieser beiden Kurven gehören im Punkte $P$ dem durch $\mathfrak{c}_1, \mathfrak{c}_2, \ldots, \mathfrak{c}_\nu$ bestimmten Raum $T_\nu$ an, denn die Kurve $\mathbf{C}_\nu$ verläuft ganz im Schmiegungsraum $S_\nu$ und die Kurve $\varGamma$ berührt diesen Raum nach Voraussetzung in mindestens $(\nu+1)^{\text{ter}}$ Ordnung. Die Differenz dieser Grundvektoren ist nach (48), § 32, gleich $\mathbf{C}_\nu^{(\nu+1)} - \varGamma^{(\nu+1)}$, es ist also

$$[\mathbf{C}_\nu^{(\nu+1)} - \varGamma^{(\nu+1)}, \; (\nu)] \doteqdot 0.$$

Nach (82) und (83) ist daher auch

$$[\mathbf{l}' - \lambda' - \mathbf{L}, (\nu)] \doteq 0, \tag{84}$$

und wegen $[\mathbf{L}, (\nu+1)] \doteq 0$ folgt weiter

$$[\mathbf{l}' - \lambda', (\nu+1)] \doteq 0 .$$

Da die Vektoren $\mathbf{l}$ und $\lambda$ in den Ebenen der $(\nu-1)^{\text{ten}}$ Normalen von $\mathfrak{C}$ bezw. $\varGamma$ liegen, so ist

$$\varPhi (\mathbf{l}, \mathbf{c}_\alpha) = 0$$
$$\varPhi (\lambda, \gamma_\alpha) = 0 \qquad \alpha = 1, 2, \ldots, \nu-1 .$$

Differenziert man diese Gleichungen nach $\tau$ und subtrahiert sie, so erhält man wegen (80) und (81):

$$\varPsi (\mathbf{l}' - \lambda', \mathbf{c}_\alpha) \doteq 0 \qquad \alpha = 1, 2, \ldots, \nu-1 .$$

50. Wir haben also gefunden, daß die Ebene des Vektors $\mathbf{l}' - \lambda'$ im Punkte $P$ ebenso, wie es nach Definition für die Ebenen der Vektoren $\mathbf{l}$ und $\mathbf{L}$ der Fall ist, dem Raum $T_{\nu+1}$ angehört und auf $T_{\nu-1}$ senkrecht steht. Diese drei durch $\mathbf{C}'$ gehenden Ebenen gehören daher einem dreidimensionalen Raum an, und wenn $\varphi$ der Winkel zwischen den Ebenen von $\mathbf{l}$ und $\mathbf{l}' - \lambda'$ ist, so ist der Winkel zwischen den Ebenen von $\mathbf{l}' - \lambda'$ und $\mathbf{L}$ gleich $\dfrac{\pi}{2} - \varphi$. Für $\sin^2 \varphi$ erhält man daher die beiden Ausdrücke

$$1 - \frac{\varPhi^2 (\mathbf{l}, \mathbf{l}' - \lambda')}{\varPhi (\mathbf{l}) \, \varPhi (\mathbf{l}' - \lambda')} \doteq \frac{\varPhi^2 (\mathbf{L}, \mathbf{l}' - \lambda')}{\varPhi (\mathbf{L}) \, \varPhi (\mathbf{l}' - \lambda')} , \tag{85}$$

Da die Ebene des Vektors $\mathbf{L}$ auf dem Raum $T_\nu$ senkrecht steht und der Vektor $\mathbf{l}' - \lambda' - \mathbf{L}$ nach (84) diesem Raum angehört, so ist

$$\varPsi (\mathbf{L}, \mathbf{l}' - \lambda' - \mathbf{L}) \doteq 0,$$

also

$$\varPhi (\mathbf{L}, \mathbf{l}' - \lambda') \doteq \varPhi (\mathbf{L}) .$$

Damit wird Gleichung (85):

$$1 - \frac{\varPhi^2 (\mathbf{l}, \mathbf{l}' - \lambda')}{\varPhi (\mathbf{l}) \, \varPhi (\mathbf{l}' - \lambda')} \doteq \frac{\varPhi (\mathbf{L})}{\varPhi (\mathbf{l}' - \lambda')} .$$

Dies mit $\dfrac{\Phi\,(l' - \lambda')}{\Phi\,(l)}$ multipliziert, liefert wegen (79):

$$\Theta_\nu'^2 = \frac{\Phi\,(L)}{\Phi\,(l)} = \frac{\Phi\,(C^{(\nu+1)} - C_\nu^{(\nu+1)})}{\Phi\,(C^{(\nu)} - C_{\nu-1}^{(\nu)})}\,.$$

Nun ist

$$\left(\frac{d\,\Theta_\nu}{ds}\right)^2 = \Theta_\nu'^2\,\frac{1}{F^2}\,,$$

also nach (68)

$$\frac{d\,\Theta_\nu}{ds} = k_\nu\,.$$

---

# X. Die natürliche Gleichung einer Kurve.

**Eindeutigkeitsbeweis.** 51. Wir wollen im folgenden beweisen, daß eine Kurve bei geeigneten Anfangsbedingungen eindeutig bestimmt ist, wenn ihre sämtlichen Krümmungen als Funktion der Bogenlänge $s$ vorgeschrieben sind.[1]) Wir nehmen dabei an, daß die $r^{\text{te}}$ Krümmung der Kurve $C$ identisch verschwindet, während die Krümmungen $k_1, k_2, \ldots, k_{r-1}$ für $s = 0$ von Null verschieden sein sollen; darin ist für $r = n$ auch der Fall enthalten, daß alle Krümmungen $k_1$ bis $k_{n-1}$ von Null verschieden sind. Außer dem Anfangspunkt der Kurve, der dem Wert $s = 0$ entspricht, kann man noch die Schmiegungsräume $S_1, S_2, \ldots, S_r$ für diesen Punkt beliebig vorschreiben und jeweils die Seite, nach der sich die Kurve von diesen Räumen entfernen soll.

Der Anfangspunkt sei der Punkt $P$; die zugehörigen Schmiegungsräume seien durch $r$ Vektoren $\mathbf{v}_1, \mathbf{v}_2, \ldots, \mathbf{v}_r$ festgelegt, und zwar derart, daß die $\nu$ ersten dieser Vektoren den Raum $S_\nu$ bestimmen und daß der Vektor $\mathbf{v}_{\nu+1}$ angibt, nach welcher Seite hin sich die Kurve $C$ von dem Raum $S_\nu$ entfernt. Wir legen den Koordinatenanfangspunkt in den Punkt $P$ und lassen die positiven Richtungen

---

der Koordinatenachsen für $x_1$ bis $x_r$ mit den Richtungen der Vektoren $\mathbf{v}_a$ zusammenfallen, so daß z. B. die Gleichungen gelten:

$$v_{aa} = 1 \qquad v_{a\beta} = 0 \qquad \text{für } \beta \neq \alpha.$$

Als Parameter wählen wir die Koordinate $x_1$.

Da die Krümmungen $k_1, k_2, \ldots, k_{r-1}$ als Funktion der Bogenlänge gegeben sind, so sind auch die Ausdrücke

$$k_1^2 = \psi_1(s), \qquad (k_1 k_2)^2 = \psi_2(s), \qquad \ldots, \qquad (k_1 k_2 \ldots k_{r-1})^2 = \psi_{r-1}(s)$$

bekannte Funktionen von $s$.

Nach Gleichung (69) ist

$$\frac{\Phi(\mathbf{L}_\nu)}{\psi_\nu(s) \, F^{2\nu+1} \left( \dfrac{1}{\varrho_\nu^{(\nu+1)}} \right)^2} = 1 \qquad \nu = 1, 2, \ldots, r-1, \tag{86}$$

wobei die Größen $\mathbf{L}_\nu$ und $\dfrac{1}{\varrho_\nu^{(\nu+1)}}$ aus (74) einzusetzen sind. Die Grundvektoren $\mathbf{c}_a$, die in diesen Formeln auftreten, müssen ebenso, wie die gegebenen Vektoren $\mathbf{v}_a$ die Schmiegungsräume bestimmen. Nach unserer Annahme über das Koordinatensystem ist daher im Punkte $P$:

$$\begin{aligned} c_{aa} &> 0 \qquad & 1 \leq \alpha \leq r \\ c_{a\beta} &= 0 \qquad & \beta > \alpha. \end{aligned}$$

Hieraus folgt, daß für $s = 0$ in dem Ausdruck (74) für die Komponenten von $\mathbf{L}_\nu$ stets das Produkt $c_{11} c_{22} \ldots c_{\nu+1\,\nu+1}$ als Faktor auftritt. Wenn man nämlich in diesem Ausdruck die Spalten der rechtsstehenden Determinante nach der Größe der Indizes $i, k, l, \ldots, q$ ordnet und die Determinante nicht selbst verschwindet, so verschwinden alle Elemente rechts der Diagonale und diese enthält die Glieder $c_{11}, c_{22}, \ldots, c_{\nu+1\,\nu+1}$. Aus $\Phi(\mathbf{L}_\nu)$ kann man daher für $s = 0$ den Faktor $c_{\nu+1\,\nu+1}^2$ herausziehen, und da die Größe $c_{\nu+1\,\nu+1}$ in dem Ausdruck (86) sonst nirgends vorkommt und $\Phi(\mathbf{L}_\nu) \neq 0$ ist, so kann man Gleichung (86) nach $c_{\nu+1\,\nu+1}$ auflösen. Da für $s = 0$ $c_{\nu+1\,\nu+1} > 0$ sein muß, so erhält man eindeutig

$$c_{\nu+1\,\nu+1} = A_{\nu+1}(\mathbf{c}_1, \ldots, \mathbf{c}_\nu) + s\, B_{\nu+1}(\mathbf{C}, \mathbf{c}_1, \ldots, \mathbf{c}_\nu, \mathbf{c}_{\nu+1}, s). \tag{87}$$
$$\nu = 1, 2, \ldots, r-1$$

Dabei gelten die Argumente von $A_{\nu+1}$ für $s = 0$; $B_{\nu+1}$ hängt nicht von $c_{\nu+1\,\nu+1}$, aber von den übrigen Komponenten des Vektors $\mathbf{c}_{\nu+1}$ ab.

Die Differenz $C^{(\nu+1)} - c_{\nu+1}$ und die Vektoren $c_1, \ldots, c_\nu$ sind nach (49), § 32, Funktionen von $C, C', \ldots, C^{(\nu)}$. Aus (87) folgt also

$$(88) \qquad C^{(\nu+1)}_{\nu+1} = H_{\nu+1}(C', C'', \ldots, C^{(\nu)}) + s K_{\nu+1}(C, C', \ldots, C^{(\nu)} C^{(\nu+1)}, s).$$
$$\nu=1, 2, \ldots, r-1$$

Da $s$ die Bogenlänge bedeutet, so ist $s' = F(C, C')$ und durch Differentiation folgt $s^{(\beta)}$ als Funktion von $C, C', \ldots, C^{(\beta)}$. Differenziert man also Gleichung (88) $r - \nu$ mal nach $t$ und setzt $\nu + 1 = \alpha$, so erhält man

$$(89) \qquad C^{(r+1)}_\alpha = M_\alpha(C', \ldots, C^{(r)}) + s N_\alpha(C, C', \ldots, C^{(r)}, C^{(r+1)}, s).$$
$$\alpha=1, 2, \ldots, r$$

Für $\alpha = 1$ ist dabei wegen $t = x_1$

$$C^{(r+1)}_1 = M_1 = N_1 = 0$$

zu setzen.

Da die Krümmung $k_r$ identisch verschwindet, so ist $c_{r+1} = \sum_{a=1}^{r} \mu_a c_a$, also, da $\mu_a = \dfrac{c_{r+1a}}{c_{aa}}$ gesetzt werden kann:

$$c_{r+1} = \sum_{a=1}^{r} \frac{c_{r+1a}}{c_{aa}} c_a.$$

Mit Hilfe von (49), (89) und (88) folgt daraus:

$$C^{(r+1)} = U(C', C'', \ldots, C^{(r)}) + s V(C, C', \ldots, C^{(r)}, C^{(r+1)}, s).$$

Für $s = 0$ kann man aus $C' = 1, 0, \ldots, 0$ der Reihe nach die Ableitungen $C'', C''', \ldots, C^{(r+1)}$ berechnen. Die Ableitung $C^{(a)}_\beta$ findet man nämlich als Funktion von $C', C'', \ldots, C^{(a-1)}$, und zwar für $\beta > \alpha$ und für $\beta = \alpha = r + 1$ aus $c_{\alpha\beta} \neq 0$, für $1 < \beta \leq \alpha \leq r$ durch Differenzieren aus (88), während für $\beta = 1, \alpha > 1 \quad C^{(a)}_\beta \neq 0$ wird.

Führt man nun die Funktionen

$$y = C, \quad y_1 = C', \quad \ldots, \quad y_r = C^{(r)}$$

ein, so genügen diese und die Bogenlänge $s$ folgendem System von Differentialgleichungen erster Ordnung:

$$y' = y_1, \quad y_1' = y_2, \quad \ldots, \quad y_{r-1}' = y_r,$$
$$y_r' = U(y_1, y_2, \ldots, y_r) + s\,V(y, y_1, \ldots, y_r, y_r', s),$$
$$s' = F(y, y_1).$$

Diese Gleichungen sind nicht vollständig nach den ersten Ableitungen aufgelöst; man kann sie aber sämtlich in die Normalform bringen, da die zugehörige Funktionaldeterminante für $s = 0$ nicht verschwindet. Da ferner für den Anfangspunkt die Werte der Funktionen $y$, $y_1$, $\ldots$, $y_r$, $s$ nebst ihren ersten Ableitungen bekannt sind, so erhält man genau ein Lösungssystem, also auch genau eine Kurve C. Diese genügt den Anfangsbedingungen und besitzt die vorgeschriebenen Krümmungen, denn man kann von den Differentialgleichungen wieder rückwärts auf Gleichung (86) schließen.

Für $r = n$ läßt sich der Beweis etwas vereinfachen, man erhält dann direkt aus (88) durch $(n - \nu - 1)$maliges Differenzieren ein entsprechendes System von Differentialgleichungen.

Für die *ebenen* Kurven ist $r = 1$ oder $r = 2$. $r = 1$ liefert die Kurven, deren erste Krümmung identisch verschwindet, d. h. die Extremalen; sie sind schon durch Anfangspunkt und Anfangsrichtung eindeutig bestimmt. Ist $r = 2$, so muß die erste Krümmung als Funktion der Bogenlänge gegeben sein und im Anfangspunkt zwei Vektoren $v_1$ und $v_2$, welche die Richtung und Schmiegungsebene der Kurve bestimmen und die Seite, nach der sich die Kurve von der Tangente entfernt.

**Differentialinvarianten.** 52. $J = J(C, C', \ldots, C^{(a)})$ sei eine Funktion der Koordinaten eines Kurvenpunktes und der Ableitungen derselben nach einem beliebigen Parameter $t$. Die höchste auftretende Ableitung sei von der Ordnung $\alpha$. Wenn diese Funktion bei beliebigen Koordinaten- und Parametertransformationen ungeändert bleibt, so heißt sie eine *Differentialinvariante der Kurve von der Ordnung* $\alpha$.[1]

---

[1] Vergl. *Scheffers* Bd. I, S. 269.

Die erste Krümmung einer Kurve ist eine Differentialinvariante zweiter Ordnung, die $\nu^{\text{te}}$ Krümmung eine solche $(\nu + 1)^{\text{ter}}$ Ordnung. Differenziert man die Krümmungen nach der Bogenlänge $s$, so erhält man neue Differentialinvarianten von höherer Ordnung; ferner ist jede Funktion derselben wieder eine Differentialinvariante.

Dadurch sind aber i. a. noch nicht alle Differentialinvarianten einer Kurve erschöpft, es kann insbesondere auch solche nullter und erster Ordnung geben. Da aber nach dem oben bewiesenen Satze eine Kurve durch die als Funktion der Bogenlänge gegebenen Krümmungen und geeignete Randwerte eindeutig bestimmt ist, so können die Differentialinvarianten außer von den Krümmungen und deren Ableitungen nach $s$ nur noch von den Randwerten abhängen. So ist z. B. für $n = 2$ die innere Krümmung $K_i$, auf die wir später zu sprechen kommen (§ 69), eine Differentialinvariante erster Ordnung, da sie nur von dem Linienelement $C$, $C'$ abhängt. Ist speziell $F^2 = e u'^2 + 2 f u' v' + g v'^2$, so ist $K_i$ mit dem Gaußschen Krümmungsmaß identisch; dieses ist von der Richtung unabhängig und folglich in diesem Sinn eine Differentialinvariante nullter Ordnung.

---

# Dritter Abschnitt. — Flächentheorie.

## XI. Allgemeines.

**Längenmessung im $R_\nu$.** 53. Es sei im $n$-dimensionalen Raum $R_n$ ein regulärer, $\nu$-dimensionaler Raum $R_\nu$ gegeben $(2 \leqq \nu < n)$. Auf jedem Linienelement des Raumes $R_n$ ist nach § 15 ein bestimmter Vektor ausgezeichnet; dadurch hatten wir die Längenmessung definiert. Damit ist insbesondere auch auf jedem Linienelement des Raumes $R_\nu$ ein Vektor ausgezeichnet, also auch im Innern dieses Raumes eine Längenmessung definiert. Ist der Raum $R_\nu$ mit Hilfe von $\nu$ Parametern $u_a$ in der Form

$$\mathsf{x} = \mathsf{x}(u_1, \ldots, u_\nu)$$

dargestellt, so wird die Länge einer Kurve dieses Raumes durch das Integral

$$s = \int_{t_0}^{t} F\left(\mathbf{x}, \sum_a \frac{\partial \mathbf{x}}{\partial u_a}\, u_a'\right) dt = \int_{t_0}^{t} \overline{F}(u_1, \ldots, u_\nu, u_1', \ldots, u_\nu')\, dt$$

angegeben. Man kann jetzt von dem umgebenden $n$-dimensionalen Raum ganz absehen und den Raum $R_\nu$ für sich betrachten. Die Überlegungen, die wir für den Raum $R_n$ ausgeführt hatten, gelten ebenso für den Raum $R_\nu$; man kann die Extremalen bestimmen und die Krümmungen der Kurven berechnen, wobei die Parameter $u_a$ an die Stelle der Koordinaten $x_j$ treten und die Zahl $n$ durch die Zahl $\nu$ ersetzt wird.

Wir wollen aber den Raum $R_\nu$ im Zusammenhang mit dem Raum $R_n$ betrachten und auch für die Punkte des Raumes $R_\nu$ die Koordinaten $\mathbf{x}$ beibehalten. Der Raum $R_\nu$ möge dabei durch die Gleichungen

$$G_\beta(\mathbf{x}) = 0 \qquad \beta = 1, 2, \ldots, n - \nu$$

bestimmt sein. Die Länge einer Kurve dieses Raumes wird dann durch das ursprüngliche Integral

$$s = \int_{t_0}^{t_1} F(\mathbf{x}, \mathbf{x}')\, dt$$

gemessen, während die Extremalen in diesem Raum als Lösungen eines Variationsproblems mit Nebenbedingungen erscheinen:

$$\delta \int F(\mathbf{x}, \mathbf{x}')\, dt = 0 \qquad G_\beta(\mathbf{x}) = 0 \qquad \beta = 1, 2, \ldots, n - \nu.$$

Die Indikatrix für dieses Problem in irgend einem Punkte kann man als Schnitt der ursprünglichen Indikatrix mit dem zum Raum $R_\nu$ gehörenden Tangentialraum $T_\nu$ erhalten. Wir hatten angenommen, daß die Indikatrix gegen den Grundpunkt zu konkav gekrümmt ist. Daraus folgt (vergl. § 21), daß auch für das $\nu$-dimensionale Variationsproblem die Regularitätsbedingungen erfüllt sind, die wir für das $n$-dimensionale Problem vorausgesetzt hatten, insbesondere auch, daß in einem gewissen Bereich durch jedes Linienelement $\varGamma$, $\varGamma'$ genau eine Extremale $\Gamma$ des Raumes $R_\nu$ definiert wird. Die Differentialgleichungen für $\Gamma$ lauten:[1])

$$\frac{d}{d\tau}\, F_{x_j{}'} - F_{x_j} = \sum_{\beta=1}^{n-\nu} \lambda_\beta\, \frac{\partial G_\beta}{\partial x_j} \qquad j = 1, 2, \ldots, n\,.$$

**Übertragung von Formeln für Flächenkurven.** 54. Der besseren Unterscheidung wegen werden wir im folgenden den Raum $R_\nu$ als *Fläche* bezeichnen, die Kurven desselben als *Flächenkurven*, die Extremalen des Problems mit Nebenbedingungen als *geodätische Linien*, die zugehörigen Krümmungen als *geodätische Krümmungen*, im Gegensatz zu den *absoluten* Krümmungen, die sich auf den $n$-dimensionalen Raum beziehen.

Bei den *Winkeln* zwischen Flächenkurven braucht man eine solche Unterscheidung nicht. Es geht schon aus der Definition der Winkel hervor, daß es keinen Unterschied macht, ob man die Kurven als Flächen- oder als Raumkurven betrachtet. Daraus folgt (vergl. (38) und (39)), daß auch die $E$-Funktion und die Funktion $\Phi$ für die beiden Probleme identisch sind. Man kann dies leicht auch analytisch zeigen.

Die Formeln für die Krümmungen einer Kurve bleiben daher sämtlich auch für die geodätischen Krümmungen gültig, mit dem einzigen Unterschied, daß an Stelle der Extremalen $\xi$ die geodätischen Linien $\Gamma$ zu nehmen sind. Dasselbe gilt auch für die geodätischen Schmiegungsräume und Kurvennormalen.

So hatten wir z. B. für die absolute (erste) Krümmung einer Kurve **C** die Formel

$$k^2 = \frac{\Phi(\mathbf{C}'' - \xi'')}{F^3}$$

gefunden; daraus folgt für die geodätische (erste) Krümmung $\gamma$:

$$\gamma^2 = \frac{\Phi(\mathbf{C}'' - \Gamma'')}{F^3}\,,$$

wobei $\Gamma$ die geodätische Tangente der Kurve **C**, d. h. die berührende geodätische Linie ist.

---

[1]) *Bolza* l. c. S. 553, 570.

# XII. Geodätische Linien. Satz von Meusnier. Asymptotenlinien.

**Geodätische Linien.** 55. Die *geodätischen Linien* hatten wir durch die Bedingung $\delta s = 0$ definiert, sie sind also (in einem gewissen Bereich) die *kürzesten Linien* auf der Fläche (vergl. § 21). Analog zu einem früheren Satze (§ 39) folgt:

*Jede Kurve, deren geodätische Krümmung identisch verschwindet, ist geodätische Linie.*[1]

Man kann die geodätischen Linien auch noch durch folgende Eigenschaft charakterisieren:[2]

*Die geodätischen Linien sind identisch mit denjenigen Flächenkurven, deren Schmiegungsebenen sämtlich die Fläche senkrecht schneiden.*

Insbesondere gehört dazu jede Extremale, die der Fläche angehört.

Die Schmiegungsebene einer Flächenkurve $\Gamma$ wird nach (51) durch den Vektor $\Gamma'' - \xi''$ bestimmt. Wenn diese Ebene die gegebene Fläche senkrecht schneidet, so gilt für jeden Vektor $\mathfrak{g}$, der in dem zugehörigen Tangentialraum $T_\nu$ enthalten ist, die Gleichung:

$$\Phi(\mathfrak{g}, \Gamma'' - \xi'') \equiv \sum_{ij} g_i (\Gamma''_j - \xi''_j) F_{x'_i x'_j} = 0 . \qquad (90)$$

Daraus folgt nach § 5, Gl. (10):

$$\sum_j (\Gamma''_j - \xi''_j) F_{x'_i x'_j} = \sum_{\beta=1}^{n-\nu} \lambda_\beta \frac{\partial G_\beta}{\partial x_i} \qquad i = 1, 2, \ldots, n . \qquad (91)$$

Addiert man dazu die Differentialgleichungen für die Extremale $\xi$:

$$\sum_j \xi''_j F_{x'_i x'_j} + \sum_j \xi'_j F_{x'_i x_j} - F_{x_i} = 0 ,$$

---

[1] Vergl. *Scheffers*, Bd. II, S. 550. — *L. Bianchi*: Vorlesungen über Differentialgeometrie. Deutsch von *M. Lukat*. 2. Aufl. (Leipzig 1910), S. 151.

[2] Vergl. *Scheffers*, Bd. II, S. 472. *Bianchi* l. c. S. 151. *Bolza* l. c. S. 553. *Bianchi-Lukat* 1. Aufl. (Leipzig 1899), S. 605. — Die Zitate „Bianchi 1. Aufl." beziehen sich auf Räume konstanten Krümmungsmaßes, die übrigen (außer bei „Voß") auf die euklidische Geometrie.

so erhält man die Differentialgleichungen der geodätischen Linien:

$$\sum_j \Gamma''_j F_{x'_i x'_j} + \sum_j \Gamma'_j F_{x'_i x_j} - F_{x_i} = \sum_{\beta=1}^{n-\nu} \lambda_\beta \frac{\partial G_\beta}{\partial x_i} \qquad i = 1, 2, \ldots, n.$$

Aus diesen Gleichungen folgt umgekehrt (91) und (90), damit ist also jener Satz bewiesen.

**Satz von Meusnier. 56.** **C** sei eine beliebige Flächenkurve, $\Gamma$ ihre geodätische Tangente. Die absolute Krümmung der Kurve $\Gamma$ im Berührungspunkt heißt auch die *Normalkrümmung*[1]) der Kurve **C** oder die Normalkrümmung der Fläche für die Richtung **C'**. Das Quadrat derselben ist:

$$\varkappa^2 = \frac{\Phi(\Gamma'' - \xi'')}{F^3}.$$

Bildet man die zweiten Ableitungen der längs $\Gamma$ und **C** identisch verschwindenden Funktionen $G_\beta$, so findet man für den Berührungspunkt:

$$(92) \qquad 0 = G''_\beta(\Gamma) - G''_\beta(\mathbf{C}) = \sum_i (\Gamma''_i - C''_i) \frac{\partial G_\beta}{\partial x_i}.$$

Der Vektor $\Gamma'' - \mathbf{C}''$ gehört also (was auch aus Satz 1, § 12 folgt) dem Tangentialraum $T_\nu$ an, es ist daher wegen (90):

$$(93) \qquad \Phi(\Gamma'' - \mathbf{C}'', \ \Gamma'' - \xi'') = 0,$$

also

$$\Phi(\mathbf{C}'' - \xi'', \Gamma'' - \xi'') = \Phi(\mathbf{C}'' - \xi'', \Gamma'' - \xi'') + \Phi(\Gamma'' - \mathbf{C}'', \Gamma'' - \xi'')$$
$$= \Phi(\Gamma'' - \xi'').$$

Nun sei $\psi$ der Winkel zwischen den Schmiegungsebenen der Kurven **C** und $\Gamma$, dann ist (nach (40)):

$$\cos^2 \psi = \frac{\Phi^2(\mathbf{C}'' - \xi'', \Gamma'' - \xi'')}{\Phi(\mathbf{C}'' - \xi'') \Phi(\Gamma'' - \xi'')} = \frac{\Phi(\Gamma'' - \xi'')}{\Phi(\mathbf{C}'' - \xi'')} = \frac{\varkappa^2}{k^2},$$

also

$$(94) \qquad \varkappa^2 = k^2 \cos^2 \psi.$$

Dies ist der *Meusniersche Satz.*[2])


[1]) *Scheffers*, Bd. II, S. 552.
[2]) *Scheffers*, Bd. II, S. 120. — *Bianchi*, S. 100. — *Bianchi* 1. Aufl., S. 606.

**Geodätische Krümmung.** 57. Wendet man auf Gleichung (93) die Identität $(32_3)$ § 17 an, so findet man:

$$0 = \frac{2}{F^3}\, \Phi\,(\Gamma'' - \mathbf{C}'', \ \Gamma'' - \xi'')$$

$$= \frac{\Phi\,(\mathbf{C}'' - \Gamma'')}{F^3} + \frac{\Phi\,(\Gamma'' - \xi'')}{F^3} - \frac{\Phi\,(\mathbf{C}'' - \xi'')}{F^3}$$

$$= \gamma^2 + \varkappa^2 - k^2.$$

Die *geodätische Krümmung* $\gamma$ der Kurve $\mathbf{C}$ ist also eine Funktion der absoluten Krümmung $k$ und der Normalkrümmung $\varkappa$:

$$\gamma^2 + \varkappa^2 = k^2, \tag{95}$$

oder wegen (94) eine Funktion von $k$ und $\psi$[1]):

$$\gamma^2 = k^2 \sin^2 \psi.$$

Aus (95) folgt, daß die geodätischen Linien die „geradesten" Linien der Fläche sind, ihre Krümmung ist unter allen Flächenkurven, die sie berühren, ein Minimum.

**Asymptotenlinien.** 58. Die *Asymptotenlinien* der Fläche seien durch die Forderung definiert, daß ihre Schmiegungsebenen sämtlich die Fläche berühren sollen.[2]) Für diese Kurven sollen also die Gleichungen gelten:

$$\sum_i (C_i'' - \xi_i'')\, \frac{\partial G_\beta}{\partial x_i} = 0 \qquad \beta = 1, 2, \ldots, n - \nu. \tag{96}$$

Aus $G_\beta\,(\mathbf{C}) = 0$ folgt durch Differenzieren:

$$\sum_i C_i'' \frac{\partial G_\beta}{\partial x_i} + \sum_{ij} C_i'\, C_j'\, \frac{\partial G_\beta}{\partial x_i\, \partial x_j} = 0,$$

und da $\xi'' = \chi\,(\xi, \xi')$ ist, so erhält man für die Asymptotenlinien das System von Differentialgleichungen erster Ordnung:

$$\sum_{ij} C_i'\, C_j'\, \frac{\partial G_\beta}{\partial x_i \partial x_j} + \sum_i \chi_i\,(\mathbf{C}, \mathbf{C}')\, \frac{\partial G_\beta}{\partial x_i} = 0 \qquad \beta = 1, 2, \ldots, n - \nu, \tag{97}$$

mit den Nebenbedingungen

$$G_\beta\,(\mathbf{C}) = 0.$$

----

[1]) *Scheffers* Bd. II S. 543, 548. *Bianchi* S. 145. *Bianchi* 1. Aufl. S. 607.
[2]) *Scheffers* Bd. II S. 234. *Bianchi* S. 105.

Die Existenz und Mannigfaltigkeit der Asymptotenlinien hängt von den Dimensionen $n$ und $\nu$ und von der Gestalt der Fläche ab. So sind z. B. auf einer zweidimensionalen Fläche im $R_4$ i. a. keine Asymptotenlinien vorhanden[1]), da die zugehörigen Gleichungen überbestimmt werden.

Aus dem Meusnierschen Satz folgt, daß *die Normalkrümmung der Asymptotenlinien verschwindet*.[2]) *Dies sind auch die einzigen Flächenkurven von dieser Eigenschaft*, denn aus $\varkappa = 0$ folgt $\Gamma'' = \xi''$, also ist hier (96) eine Folge von (92).

Aus (95) folgt:

*Die geodätische Krümmung einer Asymptotenlinie ist gleich ihrer absoluten Krümmung.*[3])

Während also für die geodätischen Linien

$$\gamma = 0 \quad \text{und} \quad k = \varkappa$$

ist, gilt für die Asymptotenlinien:

$$\varkappa = 0 \quad \text{und} \quad k = \gamma .$$

*Wenn eine Flächenkurve zugleich geodätische Linie und Asymptotenlinie ist, so ist sie (wegen $k = \varkappa = 0$) eine Extremale des Raumes $R_n$.*[4])

**Weitere Sätze.** 59. $\Gamma$ und $\bar{\Gamma}$ seien zwei beliebige Flächenkurven, die sich im Punkte $P$ berühren und deren Schmiegungsebenen dort die Fläche senkrecht schneiden. Ist $\mathbf{g}$ ein beliebiger Vektor im Tangentialraum $T_\nu$, so ist

$$\Phi\,(\Gamma'' - \xi'', \mathbf{g}) \overset{\circ}{=} 0$$

und

$$\Phi\,(\bar{\Gamma}'' - \xi'', \mathbf{g}) \overset{\circ}{=} 0,$$

also

$$\Phi\,(\Gamma'' - \bar{\Gamma}'', \mathbf{g}) \overset{\circ}{=} 0 .$$

Nach Satz I § 12 kann aber $\mathbf{g} \overset{\circ}{=} \Gamma'' - \bar{\Gamma}''$

gesetzt werden, es ist also $\Phi\,(\Gamma'' - \bar{\Gamma}'') \overset{\circ}{=} 0$

und hieraus folgt $\Gamma'' \overset{\circ}{=} \bar{\Gamma}''$.

---

[1]) *K. Kommerell*: Die Krümmung der zweidimensionalen Gebilde im ebenen Raum von vier Dimensionen. Dissertation. (Tübingen 1897) S. 20.

[2]) *Scheffers* Bd. II S. 552.

[3]) *H. Stahl* und *V. Kommerell*: Die Grundformeln der allgemeinen Flächentheorie (Leipzig 1893) S. 89.

[4]) *A. Enneper*: Über asymptotische Linien. Göttinger Nachrichten 1870. S. 499.

Die Kurven $\Gamma$ und $\Gamma'$ berühren sich also in zweiter Ordnung und besitzen dieselbe Schmiegungsebene und dieselbe Krümmung $\varkappa$, die gleich der Normalkrümmung der Fläche ist. Es kann daher, obwohl durch ein bestimmtes Linienelement der Fläche für $\nu < n - 1$ unendlich viele Normalebenen möglich sind, doch nur eine von diesen die Schmiegungsebene einer Flächenkurve sein. Man kann also in diesem Sinn auch für $\nu < n - 1$ jedem Linienelement der Fläche für $\varkappa \neq 0$ eine eindeutig bestimmte Normalebene und Flächennormale zuordnen. Letztere ist mit der Hauptnormale der durch das Linienelement bestimmten geodätischen Linie identisch.

Wenn sich mehrere Flächen längs einer Kurve schneiden und die Schmiegungsebene dieser Kurve mit den wie oben eindeutig definierten Normalebenen der Flächen gleiche Winkel bildet, so ist die Normalkrümmung und ebenso die geodätische Krümmung der Schnittlinie für alle diese Flächen dieselbe. Dies tritt insbesondere stets dann ein, wenn sich mehrere $\nu$-dimensionale Flächen längs einer Kurve berühren, so daß die Tangentialräume $T_\nu$ längs dieser Kurve für alle Flächen identisch sind. Es sind nämlich in diesem Falle auch die Normalebenen identisch, wie wir später zeigen werden (§ 63). Wenn die gemeinsame Kurve auf irgend einer der Flächen eine geodätische oder eine Asymptotenlinie ist, so ist sie dies auch auf allen andern Flächen.

## XIII. Die höheren Krümmungen einer Fläche.

**Invarianten einer Fläche.** 60. Die Krümmungstheorie der Kurven läßt sich auch auf mehrdimensionale Flächen übertragen; die entsprechenden Invarianten hängen aber dabei (auch bei euklidischer Maßbestimmung) nicht von den einzelnen Flächenpunkten, sondern von den Linienelementen der Fläche ab.

Auf einer $\nu$-dimensionalen Fläche sei ein Linienelement $\mathfrak{p}_0$ gegeben. Die *Tangente* der Fläche ist die durch $\mathfrak{p}_0$ bestimmte Extremale.

Wir betrachten die Schar der Flächenkurven, welche diese Extremale als Tangente besitzen. Die *erste Krümmung* der Fläche sei als das Minimum[1]) der ersten Krümmungen dieser Kurven definiert;

---

[1]) Wir sehen dabei die Krümmungen als absolute Größen an.

sie ist nach dem Meusnierschen Satze gleich der ersten Krümmung derjenigen Flächenkurven, deren Schmiegungsebenen zur Fläche normal sind. Alle diese Kurven besitzen, wenn die erste Krümmung der Fläche nicht verschwindet, dieselbe Schmiegungsebene; dies ist die Schmiegungsebene oder genauer die *Schmiegungsnormalebene* der gegebenen Fläche. Die Extremalen, welche sie berühren, bilden die *Schmiegungsnormalfläche* $S_2$.

Die erste Krümmung der Fläche ist mit der Normalkrümmung identisch; die Schmiegungsnormalebene mit der früher schon erwähnten ausgezeichneten Normalebene.

Wir betrachten nun die Schar der Flächenkurven, die $S_2$ als Schmiegungsfläche besitzen. Ihre gemeinsame Hauptnormale ist die *Hauptnormale* der gegebenen Fläche. Die *Torsion* oder *zweite Krümmung* der Fläche sei als das Minimum der Torsionen dieser Kurven definiert. Für diese Torsionen gilt, wie wir sehen werden, ein Analogon zum Meusnierschen Satze; unter den betrachteten Kurven besitzen diejenigen die kleinste Torsion, deren dreidimensionale Schmiegungsräume zur Fläche normal sind. Alle diese letzteren Kurven besitzen, wenn die Torsion der Fläche nicht verschwindet, denselben Schmiegungsraum $S_3$: dies ist der dreidimensionale *Schmiegungsnormalraum* der gegebenen Fläche. Die gemeinsame Binormale dieser Kurven ist die *Binormale* der Fläche.

Wir führen dies für den allgemeinen Fall näher aus.

**Nähere Ausführung.** 61. Der $\mu$-dimensionale Schmiegungsnormalraum $S_\mu$ sei bekannt; er werde durch die Vektoren $c_1, c_2, \ldots, c_\mu$ festgelegt ($c_1 = p_0$).

Wir betrachten die Schar der Flächenkurven, die $S_\mu$ als Schmiegungsraum besitzen, und nehmen an, daß sie sich sämtlich in mindestens $\mu^{\text{ter}}$ Ordnung berühren, so daß die $\mu - 1$ ersten Krümmungen für alle Kurven der Schar übereinstimmen. Außerdem setzen wir voraus, daß $S_\mu$ der einzige $\mu$-dimensionale Normalraum der Fläche ist, welcher zugleich als Schmiegungsraum einer Flächenkurve betrachtet werden kann. Für $\mu = 1$ sind diese Voraussetzungen erfüllt ($S_1$ ist die Tangente).

Das Minimum der $\mu^{\text{ten}}$ Krümmungen dieser Kurven definiert die $\mu^{\text{te}}$ Krümmung der Fläche.

$C$ sei eine beliebig gewählte Kurve der Schar, $C_\mu$ eine normale Projektion von $C$ auf den Raum $S_\mu$. Wir behaupten, daß diese Kurve $C_\mu$ zugleich als normale Projektion jeder beliebigen andern Kurve der

Schar angesehen werden kann. $\Gamma$ sei eine solche Kurve, sie werde auf $C_\mu$ projiziert; es muß gezeigt werden, daß die Gleichungen gelten:

$$\Phi\,(\Gamma^{(\mu+1)} - C_\mu^{(\mu+1)},\ c_\delta) = 0 \qquad \delta = 2, 3, \ldots, \mu.$$

Nach Satz I (§ 12) gehört die Richtung $\Gamma^{(\mu+1)} - C^{(\mu+1)}$ der gegebenen Fläche an; der Raum $S_\mu$ ist nach Voraussetzung zu dieser Fläche normal, also ist

$$\Phi\,(\Gamma^{(\mu+1)} - C^{(\mu+1)},\ c_\delta) = 0 \qquad \delta = 2, 3, \ldots, \mu.$$

Da $C$ normal auf $S_\mu$ projiziert ist, so ist

$$\Phi\,(C^{(\mu+1)} - C_\mu^{(\mu+1)},\ c_\delta) = 0 \qquad \delta = 2, 3, \ldots, \mu.$$

Durch Addition erhält man die gesuchten Gleichungen.

Für die Produkte der $\mu$ ersten Krümmungen der Kurven $C$ und $\Gamma$ gelten demnach die Formeln:

$$(k_1\, k_2 \ldots k_\mu)^2 = \frac{\Phi\,(C^{(\mu+1)} - C_\mu^{(\mu+1)})}{F^{2\,\mu+1}}$$

$$(\varkappa_1\, \varkappa_2 \ldots \varkappa_\mu)^2 = \frac{\Phi\,(\Gamma^{(\mu+1)} - C_\mu^{(\mu+1)})}{F^{2\,\mu+1}}\,.$$

Nun werde die Kurve $C_\mu$ normal auf die gegebene Fläche projiziert; die entstehende Kurve berührt die Kurve $C$ in $\mu^{\text{ter}}$ Ordnung und gehört daher jener Kurvenschar an. Die Ebene der $\mu^{\text{ten}}$ Normale dieser Kurve und folglich auch ihr Schmiegungsraum $S_{\mu+1}$ ist zur gegebenen Fläche normal.

$\Gamma$ sei eine beliebige Kurve der Schar mit derselben Eigenschaft. Es wird:

$$\Phi\,(\Gamma^{(\mu+1)} - C_\mu^{(\mu+1)},\ \Gamma^{(\mu+1)} - C^{(\mu+1)}) = 0\,. \qquad (98)$$

Ferner sei $\psi$ der Winkel zwischen den Ebenen der $\mu^{\text{ten}}$ Normalen von $C$ und $\Gamma$. Da diese Ebenen auf dem gemeinsamen Schmiegungsraum $S_\mu$ senkrecht stehen, so kann $\psi$ auch als Winkel zwischen den $(\mu+1)$-dimensionalen Schmiegungsräumen von $C$ und $\Gamma$ gelten. Es ist

$$\cos^2 \psi = \frac{\Phi^2\,(\Gamma^{(\mu+1)} - C_\mu^{(\mu+1)},\ C^{(\mu+1)} - C_\mu^{(\mu+1)})}{\Phi\,(\Gamma^{(\mu+1)} - C_\mu^{(\mu+1)})\ \Phi\,(C^{(\mu+1)} - C_\mu^{(\mu+1)})}\,,$$

also wegen (98)

$$\cos^2 \psi = \frac{\Phi\,(\boldsymbol{\Gamma}^{(\mu+1)} - \mathbf{C}_\mu^{(\mu+1)})}{\Phi\,(\mathbf{C}^{(\mu+1)} - \mathbf{C}_\mu^{(\mu+1)})},$$

und da die $\mu - 1$ ersten Krümmungen von $\mathbf{C}$ und $\boldsymbol{\Gamma}$ übereinstimmen, so folgt

$$k_\mu^2 \cos^2 \psi = \varkappa_\mu^2.$$

Dies ist ein Analogon zum Meusnierschen Satze. Unter den Kurven der genannten Schar haben diejenigen die kleinste $\mu^{\text{te}}$ Krümmung, deren $(\mu+1)$-dimensionalen Schmiegungsräume zur Fläche normal sind.

Ist diese Forderung für zwei Kurven $\boldsymbol{\Gamma}$ und $\bar{\boldsymbol{\Gamma}}$ erfüllt, so ist (vgl. (98)):

$$\Phi\,(\boldsymbol{\Gamma}^{(\mu+1)} - \mathbf{C}_\mu^{(\mu+1)},\ \boldsymbol{\Gamma}^{(\mu+1)} - \bar{\boldsymbol{\Gamma}}^{(\mu+1)}) = 0$$

und
$$\Phi\,(\bar{\boldsymbol{\Gamma}}^{(\mu+1)} - \mathbf{C}_\mu^{(\mu+1)},\ \boldsymbol{\Gamma}^{(\mu+1)} - \bar{\boldsymbol{\Gamma}}^{(\mu+1)}) = 0,$$

also folgt durch Subtraktion:

$$\Phi\,(\boldsymbol{\Gamma}^{(\mu+1)} - \bar{\boldsymbol{\Gamma}}^{(\mu+1)}) = 0,$$

und hieraus nach § 21:

$$\boldsymbol{\Gamma}^{(\mu+1)} = \bar{\boldsymbol{\Gamma}}^{(\mu+1)}$$

Alle solchen Kurven berühren sich also in mindestens $(\mu+1)^{\text{ter}}$ Ordnung und besitzen dieselbe $\mu^{\text{te}}$ Krümmung; sie ist gleich der $\mu^{\text{ten}}$ Krümmung der gegebenen Fläche. Ist sie von Null verschieden, so besitzen diese Kurven alle denselben Schmiegungsraum $S_{\mu+1}$, dies ist der $(\mu+1)$-dimensionale Schmiegungsnormalraum der gegebenen Fläche. Die gemeinsame $\mu^{\text{te}}$ Normale dieser Kurven ist die $\mu^{\text{te}}$ Normale der Fläche. Auch der positive Sinn dieser Normale ist eindeutig bestimmt.

62. Nun betrachten wir die Schar der Flächenkurven, deren $(\mu+1)$-dimensionalen Schmiegungsräume im Linienelement $\mathbf{p}_0$ existieren und zur Fläche normal sind. Für diese Kurven sind auch die $\mu$-dimensionalen Schmiegungsräume zur Fläche normal und folglich mit dem Schmiegungsnormalraum $S_\mu$ der Fläche identisch; sie gehören daher der oben betrachteten Schar an, besitzen alle denselben Schmiegungsraum $S_{\mu+1}$ und berühren sich in mindestens $(\mu+1)^{\text{ter}}$ Ordnung. Man

kann jetzt die früheren Schlüsse wiederholen, und zwar so lange, bis man zu einer Flächenkrümmung gelangt, die verschwindet.

Im allgemeinen erhält man $n - \nu$ von Null verschiedene Flächenkrümmungen und ebensoviele ausgezeichnete Flächennormalen.[1] Sind alle $n - \nu$ Flächenkrümmungen von Null verschieden, so kann man noch einen $(n - \nu + 1)$-dimensionalen Schmiegungsnormalraum finden; er schneidet aber die gegebene $\nu$-dimensionale Fläche nach einer Kurve und die $(n - \nu + 1)^{\text{te}}$ Krümmung der Fläche verschwindet. Bei Hyperflächen ist schon die Torsion identisch gleich Null.

Es ergeben sich noch die Sätze:

*Zu jedem Linienelement* $\mathbf{p}_0$ *einer Fläche gibt es mindestens eine Flächenkurve, deren Schmiegungsräume sämtlich zur Fläche normal sind. Die Krümmungen und die Schmiegungsräume aller solchen Kurven stimmen mit denen der Fläche überein.*

*Wenn die* $\mu^{\text{te}}$ *Krümmung einer Fläche nicht verschwindet, so gibt es einen und nur einen* $\mu$-*dimensionalen Normalraum* $S_\mu$, *der von mindestens einer Flächenkurve in* $\mu^{\text{ter}}$ *Ordnung berührt wird; keine Flächenkurve berührt ihn in höherer Ordnung.*

**Weitere Bemerkungen.** 63. Die Räume $S_\mu$ waren Schmiegungs*normalräume* der Fläche. Als *Schmiegungsräume* kann man auch diejenigen Räume $S_{\nu + \mu - 1}$ bezeichnen, welche den Tangentialraum $T_\nu$ und den Schmiegungsnormalraum $S_\mu$ enthalten.

So würde z. B. der Schmiegungsraum $S_{\nu + 1}$ den Tangentialraum $T_\nu$ und die Schmiegungsnormalfläche $S_2$ enthalten. Dieser Raum $S_{\nu + 1}$ wird von allen durch $\mathbf{p}_0$ gehenden Kurven in mindestens zweiter Ordnung berührt. Wird nämlich der Raum $T_\nu$ durch die Vektoren $\mathfrak{c}_1, \mathfrak{c}_2, \ldots, \mathfrak{c}_\mu$ festgelegt, und ist $\mathbf{C}$ eine beliebige Kurve durch $\mathbf{p}_0$, $\varGamma$ die geodätische Tangente, so ist·

$$[\mathbf{C}'' - \varGamma'', \mathfrak{c}_1, \ldots, \mathfrak{c}_\nu] = 0,$$

also $\qquad [\mathbf{C}'' - \xi'', \mathfrak{c}_1, \ldots, \mathfrak{c}_\nu, \varGamma'' - \xi''] = 0.$

Die Schmiegungsflächen aller dieser Kurven $\mathbf{C}$ gehören daher dem Raum $S_{\nu + 1}$ an.

---

[1] So z. B. im euklidischen $R_n$ für $x = 0$, $\mathbf{p}_0 = (1, 0, \ldots, 0)$, bei der $\nu$-dimensionalen Fläche $x_\delta = x_1^\delta$ $\delta = 2, 3, \ldots, n - \nu + 1$, wobei $S_\mu = R_\mu(x_1, \ldots, x_\mu)$ wird $(\mu \leq n - \nu + 1)$.

Ebenso folgt, daß der Schmiegungsraum $S_{\nu+2}$ von allen denjenigen Kurven in mindestens dritter Ordnung berührt wird, deren Schmiegungsebenen in $\mathfrak{p}_0$ zur Fläche normal sind. Wenn nämlich $C$ und $\Gamma$ solche Kurven sind und der Schmiegungsraum $S_3$ von $\Gamma$ zur Fläche normal ist, so gehört die Ebene der Binormale von $\Gamma$ dem Raum $S_{\nu+2}$ an, und wegen

$$[C''' - \Gamma''', \mathfrak{c}_1, \ldots, \mathfrak{c}_\nu] = 0,$$

also $$[C''' - C_2''', \mathfrak{c}_1, \ldots, \mathfrak{c}_\nu, \Gamma''' - C_2'''] = 0$$

auch die Ebene der Binormale der Kurve $C$ und folglich auch ihr Schmiegungsraum $S_3$.

Analog ist es bei den höheren Schmiegungsräumen der Fläche.

Das Verhalten beliebiger Flächenkurven durch $\mathfrak{p}_0$ bezüglich der höheren Krümmungen müßte noch genauer untersucht werden. So hatten wir z. B. die Frage nicht entschieden, ob die Torsion einer Flächenkurve verschwinden kann, wenn die Torsion der Fläche von Null verschieden ist.

Wenn die erste Krümmung einer Fläche im Linienelement $\mathfrak{p}_0$ nicht verschwindet, so ist ihr Schmiegungsraum $S_{\nu+1}$ durch den Tangentialraum $T_\nu$ und die Schmiegungsebene einer beliebigen durch $\mathfrak{p}_0$ gehenden Flächenkurve eindeutig bestimmt. Daraus folgt der Satz:

*Wenn sich mehrere $\nu$-dimensionale Flächen längs einer Kurve berühren, so daß sie längs dieser Kurve dieselben Tangentialräume $T$ besitzen, so sind auch die Schmiegungsnormalebenen und (nach § 59) die Normalkrümmungen längs dieser Kurve für alle Flächen dieselben.*


## XIV. Die Dupinsche Indikatrix.

**Definition. 64.** Die gegebene Fläche sei eine *Hyperfläche* ($\nu = n - 1$), so daß sie durch die eine Gleichung

$$G(\mathfrak{x}) = 0$$

dargestellt werden kann. Die Extremalen, welche diese Fläche im Punkte $P$ berühren, bilden die Tangentialfläche $T_{n-1}$. Durch die Gleichung

$$G(\mathfrak{x}) = h$$

wird ein Feld von Hyperflächen definiert, welches die gegebene Fläche umgibt. Wir betrachten den Schnitt der Tangentialfläche $T_{n-1}$ mit den Flächen dieses Feldes. Jedem Punkte der durch $P$ gehenden Extremalen von $T_{n-1}$ entspricht ein bestimmter Wert von $h$, denn durch jeden Punkt geht genau eine Fläche des Feldes. Wir können also die Punkte dieser Extremalen, soweit sie die Fläche in genau erster Ordnung berühren, als Funktion des Parameters $\sigma = \sqrt{2h}$ auffassen, und können annehmen, daß $\sigma$ in der positiven Richtung der Extremalen wächst. Jeder dieser Extremalen $\xi$ ordnen wir (vgl. § 4) im Punkte $P$ denjenigen Vektor zu, dessen Endpunkt die Koordinaten

$$(\mathbf{x}, \mathbf{X}) = \left( \mathbf{x}, \frac{d\xi}{d\sigma} \right)$$

trägt. Diese Endpunkte erfüllen in dem Tangentialraum $T_{n-1}$ i. a. einen $(n-2)$-dimensionalen Raum, welcher die *Dupinsche Indikatrix* der gegebenen Fläche heißt.[1]) Es wird sich zeigen, daß diese Indikatrix ihrer Form nach nur von der Fläche $G = 0$ abhängt, nicht auch von der speziellen Wahl des Feldes.

**Gleichung der Indikatrix.** 65. Auf jeder einzelnen der Extremalen von $T_{n-1}$ ist der Parameter $h$ eine Funktion von $\tau$. Wir entwickeln die Funktion $G(\xi) = h$ nach Potenzen von $\tau$, und erhalten wegen $G = 0$ und $\sum G_{x_i} \xi_i' = 0$:

$$\frac{\sigma^2}{2} = G(\xi) = \frac{\tau^2}{2} \left[ \sum_{ij} G_{x_i x_j} \xi_i' \xi_j' + \sum_i G_{x_i} \xi_i'' \right]_{\tau=0} + ((\tau^3)) . \quad (99)$$

Diese Gleichung werde zweimal nach $\sigma$ differenziert. Man erhält für $\tau = 0$:

$$1 = \left( \frac{d\tau}{d\sigma} \right)^2 \left[ \sum_{ij} G_{x_i x_j} \xi_i' \xi_j' + \sum_i G_{x_i} \xi_i'' \right]. \quad (100)$$

Wir hatten

$$\mathbf{X} = \frac{d\xi}{d\sigma} = \xi' \frac{d\tau}{d\sigma}$$

gesetzt, und da nach § 19:

$$\left( \frac{d\tau}{d\sigma} \right)^2 \xi'' = \chi \left( \xi, \frac{d\xi}{d\sigma} \right)$$

---

[1]) *Scheffers* Bd. II S. 168.

ist, so wird

$$(101) \qquad \sum_{ij} G_{x_i x_j} X_i X_j + \sum_i G_{x_i \chi_i} (\mathbf{x}, \mathbf{X}) = 1$$

$$\sum G_{x_i} X_i = 0 .$$

Dies sind die Gleichungen der Dupinschen Indikatrix. Sie ist nur der Form, nicht der Größe nach bestimmt, da man $G(\mathbf{x})$ mit einer beliebigen (von Null verschiedenen) Konstanten multiplizieren kann, ohne die Fläche zu ändern; auch erhält man bei Änderung des Vorzeichens von $G$ verschiedene Teile der Indikatrix im Reelle

Im übrigen hängt aber die Indikatrix nicht von der speziellen Wahl des Feldes ab. Ist nämlich $H(\mathbf{x}) = h^{\cdot}$ ein beliebiges anderes Feld, welches für $h^{\cdot} = 0$ die Fläche $G = 0$ enthält, so ist für die Punkte dieser Fläche nach § 5, Gl. (10)

$$H_{x_i} = \lambda (\mathbf{x}) \, G_{x_i} ,$$

wobei $\lambda$ wegen der Regularitätsbedingung $[H_\mathbf{x}] \neq 0$ (vgl. (5)) von Null verschieden ist. Wird diese Gleichung längs einer Flächenkurve nach $\tau$ differenziert, dann mit $x_i'$ multipliziert und über $i$ summiert, so folgt:

$$\sum_{ij} H_{x_i x_j} x_i' x_j' = \lambda \sum_{ij} G_{x_i x_j} x_i' x_j' .$$

Die linke Seite der Gleichung (101) ändert sich also nur um den Faktor $\lambda$, wenn $G$ durch $H$ ersetzt wird; die Form der Indikatrix bleibt erhalten.

66. Der Vergleich von (101) mit der Differentialgleichung (97) der Asymptotenlinien zeigt, *daß die Asymptotenrichtungen der Dupinschen Indikatrix mit den Richtungen der Asymptotenlinien zusammenfallen.*[1])

Ist speziell $F^2 = \sum a_{ij} x_i' x_j'$, so ist die Dupinsche Indikatrix stets ein *algebraisches Gebilde zweiter Ordnung* mit $P$ als Mittelpunkt, bei zweidimensionalen Flächen des $R_3$ ein Kegelschnitt. Wenn man nämlich an Stelle von $\tau$ die Bogenlänge $s$ als Parameter wählt, was bei der Ableitung der Formel (101) zulässig ist, so werden die Funktionen

---

[1]) *Scheffers* Bd. II S. 232. *Bianchi* S. 103.

$$\frac{d^2 \xi_i}{ds^2} = \chi_i\left(\xi, \frac{d\xi}{ds}\right)$$ quadratische Formen in $\frac{d\xi}{ds}$,[1] also wird auch die linke Seite von (101) eine quadratische Form in $\mathbf{X}$.

**Indikatrix und Normalkrümmung.** 67. Die Form der Dupinschen Indikatrix hängt von der Normalkrümmung der Fläche ab. Die Normalkrümmung $\varkappa$ ist gleich der Krümmung der geodätischen Linien $\Gamma$, es ist also

$$\varkappa^2 = \frac{\Phi(\Gamma'' - \xi'')}{F^3}$$

oder nach Gleichung (69):

$$\varkappa^2 = \frac{\varrho''^2 \, \Phi(l)}{F^3}.$$

Dabei ist $l$ ein beliebiger Vektor der entsprechenden Normalebene der Fläche, und $\varrho''$ genügt der Gleichung

$$\varrho'' l = \Gamma'' - \xi''.$$

Aus $G(\Gamma) = 0$ folgt

$$\sum_i G_{x_i} \Gamma_i'' + \sum_{ij} G_{x_i x_j} \Gamma_i' \Gamma_j' = 0,$$

also ist

$$\varrho'' \sum_i l_i \, G_{x_i} + \sum_i G_{x_i} \xi_i'' + \sum_{ij} G_{x_i x_j} \xi_i' \xi_j' = 0.$$

Dies liefert für die Normalkrümmung den Ausdruck

$$\varkappa = \sqrt{\frac{\Phi(l)}{F^3 \left(\sum l_i \, G_{x_i}\right)^2}} \left(\sum_{ij} G_{x_i x_j} \xi_i' \xi_j' + \sum_i G_{x_i} \xi_i''\right). \qquad (102)$$

Die Länge $P$ der Radien der Dupinschen Indikatrix kann nach § 15 gemessen werden. Es ist

$$P = F(\mathbf{x}, \mathbf{X}) = \frac{d\tau}{d\sigma} \, F(\mathbf{x}, \xi'),$$

also folgt aus (100) und (102):

$$P^2 = \frac{1}{\varkappa} \frac{\sqrt{\Phi(l)} \, F}{\sum l_i \, G_{x_i}} = \frac{1}{\varkappa} \, W.$$

$$W = \frac{\sqrt{\Phi(l)} \, F}{\sum l_i \, G_{x_i}}. \qquad (103)$$

---

[1] *Bianchi* 1. Aufl. S. 569.

Die Größe $W$ ist ebenso wie $P$ nur bis auf einen Zahlenfaktor bestimmt, der von der speziellen Darstellung der Fläche $G = 0$ abhängt. $W$ ist im allgemeinen eine Funktion der Richtung, aber diese Funktion ist von der Gestalt der gegebenen Fläche unabhängig, d. h. sie ist für alle Flächen, die sich in dem betrachteten Punkte berühren, bis auf einen unwesentlichen Zahlenfaktor identisch.

68. Ist $F^2 = \sum a_{ij} x_i' x_j'$, so reduziert sich $W$ auf eine von der Richtung im Tangentialraum unabhängige Konstante. Man kann hier nämlich nach § 22 erreichen, daß für den betrachteten Punkt $F = \sqrt{\sum x_i'^2}$ wird, und für $l$ kann man die in diesem Falle von der Richtung unabhängige Flächennormale nehmen. Wir können annehmen, daß diese Normale die Komponenten $0, 0, \ldots, 0, 1$ besitzt, dann ist im Tangentialraum $x_n' = 0$, also wird

$$\Phi(l) = F_{x_n' x_n'} = \frac{1}{F}, \qquad W = \frac{1}{G_{x_n}},$$

$W$ ist also von $\mathbf{x}'$ unabhängig.

*Man kann daher bei dieser Maßbestimmung die Größe der Dupinschen Indikatrix so wählen, daß*

$$P^2 = \frac{1}{\varkappa}$$

*wird.*[1]) Die Achsen (vgl. § 66) der Dupinschen Indikatrix liefern hier die *Hauptkrümmungsrichtungen*, d. h. die Richtungen der Extremwerte oder stationären Werte von $\varkappa$. Diejenigen Richtungen, welche verschiedenen Hauptkrümmungen entsprechen, sind zueinander senkrecht. Wenn die zugehörigen Hauptkrümmungen bekannt sind, so ist die ganze Indikatrix bestimmt und man kann die Normalkrümmung für jede beliebige Richtung berechnen[2]), für zweidimensionale Flächen des $R_3$ nach dem Eulerschen Satz (s. u. Gl. (106)).

---

[1]) *Scheffers* Bd. II S. 164. *Bianchi* S. 102.
[2]) *Bianchi* 1. Aufl. S. 609.

# XV. Die Krümmung von zweidimensionalen Flächen.

**Gaußsche und mittlere Krümmung.** 69. Die Normalkrümmung und die höheren Krümmungen einer Fläche hatten wir oben schon definiert. Wir wollen nun sehen, wie sich die Begriffe der *Gaußschen* und der *mittleren Krümmung* von zweidimensionalen Flächen für unseren Fall verallgemeinern lassen. Diese Krümmungen werden im allgemeinen ebenso, wie die Normalkrümmung, nicht nur vom einzelnen Flächenpunkt, sondern auch noch von der Richtung in diesem Punkt abhängen.

Das Gaußsche Krümmungsmaß ist in der gewöhnlichen Flächentheorie einerseits gleich dem Produkt der beiden Hauptkrümmungen in einem Flächenpunkt, andererseits hängt es aber, wie Gauß gezeigt hat, nur von der Maßbestimmung auf der Fläche selbst ab und kann daher auch als eine *innere* Größe der Fläche gefunden werden[1]), ohne daß dabei der äußere Raum in Betracht gezogen wird. Im allgemeinen Falle muß man aber zwischen der *äußeren Krümmung* $K$ und der *inneren Krümmung* $K_i$ unterscheiden, die verschiedenen Definitionen liefern hier nicht mehr dasselbe Resultat. Wir werden diese äußere Krümmung $K$ als *Gaußsche* Krümmung [2]) bezeichnen, zur Unterscheidung von der mittleren Krümmung $M$, welche ebenfalls vom Außenraum abhängig ist.

Ist $F^2 = \sum_{i,j=1}^{3} a_{ij}\, x_i'\, x_j'$. so kann man die üblichen Definitionen für die Krümmungen direkt anwenden, denn nach § 68 existieren in jedem Flächenpunkte zwei Hauptkrümmungen $\dfrac{1}{r_1}$ und $\dfrac{1}{r_2}$; ihr Produkt und arithmetisches Mittel [3]) liefert die Krümmungen $K$ und $M$:

$$K = \frac{1}{r_1 r_2} \qquad M = \frac{1}{2}\left( \frac{1}{r_1} + \frac{1}{r_2} \right). \tag{104}$$

---

[1]) *Gauß* l. c. art. 13.   *Landsberg* l. c. S. 314 f.

[2]) In Einklang mit

*A. Voß*: Zur Theorie der Transformation quadratischer Differentialausdrücke und der Krümmung höherer Mannigfaltigkeiten. Math. Annalen Bd. 16. (1880.) S. 167.

[3]) Auch $\dfrac{1}{r_1} + \dfrac{1}{r_2}$ wird vielfach als mittlere Krümmung bezeichnet: *Scheffers* Bd. II S. 296. *Bianchi* S. 104.

Auch für die innere Krümmung $K_i$ sind aus der Flächentheorie verschiedene Definitionen bekannt, die sich hier anwenden lassen[1]). Ist die Fläche mit Hilfe der Parameter $u$ und $v$ dargestellt, so daß $F^2 = e\,u'^2 + 2f\,u'\,v' + g\,v'^2$ wird, so erhält man dabei den Gaußschen Ausdruck in $e, f, g$ und den ersten und zweiten Ableitungen nach $u$ und $v$[2]).

Die Krümmungen $K, M, K_i$ sind also in diesem Falle von der Richtung im einzelnen Flächenpunkt unabhängig. $K$ und $K_i$ sind aber nicht identisch; das Beispiel einer Ebene in der hyperbolischen Geometrie des Raumes zeigt, daß die Krümmungen $K$ und $M$ verschwinden können, ohne daß $K_i$ verschwindet.

70. Im allgemeinsten Falle kann man die Krümmungen $K$ und $M$ für zweidimensionale Flächen des $n$-dimensionalen Raumes ebenfalls mit Hilfe der Normalkrümmung definieren, man muß sich aber dabei auf die Umgebung eines Linienelementes beschränken. Die Normalkrümmung $\varkappa$ ist für einen bestimmten Flächenpunkt eine Funktion des Winkels $\omega$, den die zugehörige Richtung mit einer in der Tangentialebene der Fläche fest gegebenen Richtung bildet. Die Ableitungen von $\varkappa$ nach $\omega$ seien durch Indizes bezeichnet. Man kann jetzt $K$ und $M$ durch folgende Gleichungen definieren:

$$(105) \qquad \begin{cases} K = \varkappa^2 - \dfrac{\varkappa_\omega^2}{4} + \dfrac{\varkappa\varkappa_{\omega\omega}}{2} \\[2ex] M = \varkappa + \dfrac{\varkappa_{\omega\omega}}{4}\,. \end{cases}$$

Eine einfache Rechnung zeigt, daß diese Definitionen mit den früheren (Gl. (104)) übereinstimmen, wenn für den betrachteten Flächenpunkt der Eulersche Satz[3]) gilt, d. h. wenn

$$(106) \qquad \varkappa = \frac{1}{r_1}\cos^2\omega + \frac{1}{r_2}\sin^2\omega$$

gesetzt werden kann.

---

[1]) *Landsberg* l. c. S. 316 f.

*G. Darboux*: Leçons sur la théorie générale des surfaces. Bd. III (Paris 1894) S. 95.

[2]) *Gauß* l. c. art. 11.

[3]) *Scheffers* Bd. II, S. 161. *Bianchi* S. 101.

**Parallelkurven.** 71. Bei der Definition der inneren Krümmung $K_i$ sehen wir ganz von dem umgebenden Raum ab und denken uns die Punkte der Fläche durch zwei Parameter $u$ und $v$ dargestellt. Die Länge einer Kurve auf dieser Fläche werde durch das Integral gemessen:

$$s = \int_{\tau_0}^{\tau} F\,(u,\, v,\, u',\, v')\, d\tau.$$

Wir brauchen noch den Begriff der *Parallelkurven*; diese können ähnlich definiert werden, wie die von Herrn Carathéodory in die Variationsrechnung eingeführten geodätisch *äquidistanten* Kurven.[1] Wenn $F^2 = e\,u'^2 + 2\,f\,u'\,v' + g\,v'^2$ ist, so sind beide Begriffe identisch, während sie im allgemeinen Falle zu unterscheiden sind.

$S\,(u,\,v) = \mu$ sei eine beliebige Kurvenschar; wir betrachten zwei benachbarte Kurven derselben, welche den Parameterwerten $\mu$ und $\mu + d\mu$ entsprechen. Wenn der in transversaler Richtung gemessene Abstand dieser beiden Kurven für alle Punkte derselben konstant, etwa gleich $d\mu$ ist, so sind die Kurven äquidistant. Man kann aber die Entfernung der beiden Kurven anstatt in transversaler Richtung auch unter einem beliebigen andern konstanten Winkel $\psi$ messen und verlangen, daß die in dieser Richtung gemessene Entfernung $ds$ für alle Punkte der Kurven konstant sein soll, so daß z. B.

$$\sin \psi\; ds = d\mu$$

wird. Wenn diese Bedingung für *sehr kleine* Winkel $\psi$ erfüllt ist, so nennen wir die Kurven *parallel*.

Um diese Bedingung exakter zu formulieren, denken wir uns eine beliebige Kurve **C**, welche die Kurven der Schar $S\,(u,\,v) = \mu$ unter dem Winkel $\psi$ schneidet. Die Bogenlänge $s$ der Kurve **C** kann als Funktion von $\mu$ betrachtet werden. Wir verlangen nun, daß für einen bestimmten Punkt $u,\,v$

$$\lim_{\psi = 0} \psi\, \frac{ds}{d\mu} = 1 \tag{107}$$

sein soll. Dabei ist die Kurve **C** veränderlich gedacht, so daß sie immer den Punkt $u,\,v$ enthält und in der Grenze die durch diesen Punkt gehende Kurve der Schar $S = \mu$ berührt.

---

[1] *Carathéodory*, Dissertation S. 67. *Bolza* l. c. S. 142.

Wenn die Forderung (107) für jeden Punkt eines Bereiches erfüllt ist, so besteht die Schar $S(u, v) = \mu$ aus Parallelkurven. Die Gleichung (107) liefert nicht nur für die einzelnen Kurven der Schar eine Bedingung, sondern zugleich auch für den Parameter $\mu$.

Die Richtung der Kurve $\mathbf{C}$ werde durch den Vektor $\mathbf{q} = (\bar{u}', \bar{v}')$, die Richtung der Kurve $S = \mu$ durch $\mathbf{p} = (u', v')$ angezeigt. Es ist

$$\frac{ds}{d\mu} = \frac{s'}{\mu'} = \frac{F(\bar{u}', \bar{v}')}{S_u\bar{u}' + S_v\bar{v}'},$$

$$(108) \qquad S_u\, u' + S_v\, v' = 0.$$

Den Winkel $\psi$ erhält man aus

$$(109) \qquad \psi^2 = \frac{\varphi(\mathbf{q} - \mathbf{p})}{F(\mathbf{p})}\,(1 + \delta) \qquad \lim_{\mathbf{q}=\mathbf{p}} \delta = 0.$$

Nun folgt aus der Definition der Funktionen $\Phi$ und $F_1$:

$$(110) \qquad \Phi(\mathbf{q} - \mathbf{p}) = (u'\,\bar{v}' - v'\,\bar{u}')^2\, F_1.$$

Die Bedingung (107) wird also

$$\lim_{\psi=0} \sqrt{\frac{F_1(u', v')}{F(u', v')}}\; \frac{(u'\,\bar{v}' - v'\,\bar{u}')\, F(\bar{u}', \bar{v}')}{S_u\, \bar{u}' + S_v\, \bar{v}'} = 1.$$

Eliminiert man hieraus die Größen $u'$ und $v'$ (deren Verhältnis allein in Betracht kommt) mit Hilfe von (108), so erhält man folgende partielle Differentialgleichung für die Funktion $S$:

$$(111) \qquad F(S_v, - S_u) \cdot F_1(S_v, - S_u) = 1.$$

Dabei sind die Ableitungen $S_v$ und $- S_u$ in die Funktionen $F$ und $F_1$ an Stelle von $u'$ und $v'$ einzusetzen.

Ist eine Kurve $S = \mu_0$ willkürlich vorgegeben, so sind die zugehörigen Parallelkurven durch diese Differentialgleichung eindeutig bestimmt.

**Innere Krümmung.** 72. Die Krümmung $K_i$ können wir jetzt folgendermaßen definieren:

Man betrachte eine Extremale (bezw. geodätische Linie) durch den Punkt $P$ und bestimme die zugehörigen Parallelkurven. Eine zweite Extremale durch $P$ schneide diese Parallelkurven unter dem

Winkel $\psi$. Dreht sich nun diese zweite Extremale um den Punkt $P$, bis sie mit der ersten zusammenfällt, so wird, wie sogleich gezeigt wird,

$$\lim_{\psi=0} \frac{1}{\psi'} \frac{d\psi}{ds} = 0,$$

dagegen soll

$$\lim_{\psi=0} \frac{1}{\psi'} \frac{d^2\psi}{ds^2} = -K_i \tag{112}$$

sein.

Zur Vereinfachung der Rechnung nehmen wir ein spezielles Koordinatensystem an:

$P$ sei der Nullpunkt, die feste Extremale durch $P$ sei die $u$-Achse. Die Koordinatenlinien $v = \text{const}$ sollen mit den Parallelkurven zusammenfallen, und zwar sei $v = \mu$, so daß $S(u, v) \equiv v$ wird. Man kann noch für die $v$-Achse eine die Parallelkurven transversal schneidende Linie nehmen und $u$ gleich der von dieser Linie aus gemessenen Länge der Parallelkurven setzen. Ferner sei der Parameter $\tau = u$.

Es wird $F_1 = F_{v'v'}$. Auf der $u$-Achse ist

$$F = 1, \qquad F' = F'' = 0,$$

und wegen (111):

$$F_1 = 1, \qquad F_1' = F_1'' = 0.$$

Ist $v = v(u)$ die unter dem Winkel $\psi$ vom Nullpunkt ausgehende Extremale, so ist nach (109) und (110):

$$\psi^2 = \frac{F_1}{F} v'^2 (1 + \delta),$$

also

$$2F \frac{1}{\psi} \frac{d\psi}{ds} = \frac{F_1'}{F_1} - \frac{F'}{F} + 2\frac{v''}{v'} + \frac{\delta'}{1+\delta}. \tag{113}$$

Dabei ist für $\psi = 0 \qquad \delta = \delta' = \delta'' = 0$.

Aus der Lagrangeschen Differentialgleichung

$$T \equiv F_{v'v'} v'' + F_{v'v} v' + F_{v'u} - F_v = 0 \tag{114}$$

folgt für die Extremalen:

$$\frac{\partial T}{\partial v'} \equiv F_1 \frac{\partial v''}{\partial v'} + F_1' = 0,$$

daher ist auf der $u$-Achse $\dfrac{\partial v''}{\partial v'} = 0$ und es wird

$$\lim_{\psi = 0} \frac{1}{\psi} \frac{d\psi}{ds} = 0.$$

Berücksichtigt man diese Gleichung, so folgt aus (112) und (113):

$$- K_i = \frac{\partial v'''}{\partial v'}.$$

Wir führen nun die durch die Gleichung

$$v' F_2 = \frac{\partial T}{\partial u} + \frac{d}{dt} (v'' F_1)$$

definierte Funktion $F_2$ ein[1]). Setzt man in diese Gleichung die Koordinaten der Extremalen $v = v(u)$ ein und differenziert dieselbe im Nullpunkt nach $v'$, so findet man, da nach (114) $\dfrac{dT_u}{dv'} = 0$ wird:

$$F_2 = \frac{\partial v'''}{\partial v'} = - K_i.$$

Diese Gleichung zeigt, daß die Krümmung $K_i$ mit der Invariante $K_0$ identisch ist, welche in der Variationsrechnung bei der Normalform für die zweite Variation auftritt.[2]) Für $F^2 = e u'^2 + 2 f u' v' + g v'^2$ stimmt $K_i$ mit dem Gaußschen Krümmungsmaß oder der Riemannschen Krümmung der Fläche überein.[3])

Bei der Definition der Krümmung einer Kurve (§ 39) konnten wir ein beliebiges Kurvenfeld verwenden. Hier dagegen war die Einführung der Parallelkurven nötig, da der Ausdruck (112) nicht von dem Kurvenfeld unabhängig ist.

---

[1]) *Bolza* l. c. S. 226.

[2]) *A. L. Underhill*: Invariants of the function $F(x, y, x', y')$ under point and parameter transformation, connected with the calculus of variations. Transactions of the Am. Math. Society. Bd. 9 (1908), S. 316. *Bolza* l. c. S. 228.

[3]) *Underhill* l. c. S. 337. *Bolza* l. c. S. 231.

# XVI. Krümmung und Torsion der geodätischen Linien. Krümmungslinien.

**Das Koordinatensystem.** 73. Um die Flächenkurven auf einer zweidimensionalen Fläche des dreidimensionalen Raumes $R_3$ noch näher zu untersuchen, benutzen wir ein spezielles Koordinatensystem. Wir nennen die Koordinaten $x, y, z$. Die $x$-Achse sei eine Extremale, welche die Fläche im Nullpunkt in der Richtung $\mathbf{p}_0$ berührt. Die $y$-Achse soll die $x$-Achse transversal schneiden und ebenfalls die Fläche berühren; im übrigen ist sie beliebig. Die Richtung der $z$-Achse endlich soll mit der zur Richtung $\mathbf{p}_0$ gehörenden Flächennormale zusammenfallen.

Der positive Richtungssinn der $y$- und $z$-Achse kann beliebig gewählt werden; wir sehen aber diese Richtungen als ausgezeichnete Richtungen an, so daß wir den Krümmungen der Flächenkurven nach § 41 bestimmte Vorzeichen beilegen können. Wenn sich z. B. die durch das Linienelement $\mathbf{p}_0$ bestimmte geodätische Linie, deren Schmiegungsebene mit der $XZ$-Ebene zusammenfällt, in der Richtung der positiven $z$-Achse von ihrer Tangente entfernt ($c_{23} > 0$), so ist ihre Krümmung positiv, und wenn sie sich in der Richtung der positiven $y$-Achse von ihrer Schmiegungsfläche entfernt ($c_{32} > 0$), so ist das Produkt von Krümmung und Torsion positiv. Den Winkel $\omega$ (s. § 70) zählen wir von der $+\,x$-Achse aus gegen die $+\,y$-Achse zu positiv.

Die Maßstäbe für die Koordinaten seien so gewählt, daß die zur Richtung $\mathbf{p}_0$ gehörende oskulierende Indikatrix die Gleichung erhält (vgl. § 23):

$$X^2 + Y^2 + Z^2 = 1.$$

Wir nehmen die Koordinate $x$ als Parameter. Für das Linienelement $\mathbf{p}_0 = (1, 0, 0)$ gelten dann die Gleichungen:

$$F \underset{0}{=} 1$$

$$F_x \underset{0}{=} 1 \qquad F_y \underset{0}{=} 0 \qquad F_z \underset{0}{=} 0$$

$$F_{x'x'} \underset{0}{=} 0 \qquad F_{y'y'} \underset{0}{=} 1 \qquad F_{z'z'} \underset{0}{=} 1$$

$$F_{y'z'} \underset{0}{=} 0 \qquad F_{z'x'} \underset{0}{=} 0 \qquad F_{x'y'} \underset{0}{=} 0.$$

Das Zeichen $\stackrel{*}{=}$ bedeutet hier und im folgenden, daß die Gleichungen speziell für das Linienelement $\mathfrak{p}_0$ gelten. Bezeichnen wir die Koordinaten der Punkte von Extremalen mit $\xi, \eta, \zeta$, so ist

$$\xi' \stackrel{*}{=} 1, \qquad \eta' \stackrel{*}{=} 0, \qquad \zeta' \stackrel{*}{=} 0,$$

und die höheren Ableitungen von $\xi, \eta, \zeta$ verschwinden für $\mathfrak{p}_0$, da die $x$-Achse Extremale ist. Wir setzen außerdem noch

$$\eta''_{y'} \stackrel{*}{=} 0 \qquad \text{und} \qquad \zeta''_{y'} \stackrel{*}{=} 0$$

voraus. Man kann nämlich diese Größen, wenn sie von Null verschieden sind, durch Einführung der neuen Koordinaten

$$\bar{x} = x$$

$$\bar{y} = y - \frac{1}{2}\,(\eta''_{y'})_0\,xy$$

$$\bar{z} = z - \frac{1}{2}\,(\zeta''_{y'})_0\,xy$$

zum Verschwinden bringen. Die früheren Gleichungen werden dadurch nicht geändert.

**Flächenkrümmung im $R_3$.** 74. Die Gleichung der gegebenen Fläche sei

$$G \equiv z - \varphi\,(x, y) = 0,$$

so daß

$$G_z \equiv 1$$

wird. Im Nullpunkt ist ferner

$$G_x = 0, \qquad G_y = 0.$$

Das Quadrat der Krümmung einer beliebigen Kurve ist

$$(115) \qquad k^2 = \frac{1}{F^3}\,(c_{22}^2\,F_{y'y'} + 2\,c_{22}\,c_{23}\,F_{y'z'} + c_{23}^2\,F_{z'z'}).$$

Diejenige geodätische Linie, welche im Nullpunkt die $x$-Achse berührt, besitzt hier die Grundvektoren:

$$(116) \qquad \begin{cases} \mathfrak{c}_1 \stackrel{*}{=} (1, & 0, & 0) \\[2mm] \mathfrak{c}_2 \stackrel{*}{=} (0, & 0, & z'') \\[2mm] \mathfrak{c}_3 \stackrel{*}{=} (0,\, y''' - \dfrac{3}{2}\,\eta''_{z'}\,z'', & z''' - \dfrac{3}{2}\,\zeta''_{x'}\,z'') \end{cases}$$

und die Krümmung

$$\varkappa \stackrel{*}{=} z''.$$

Dies ist zugleich die Normalkrümmung der Fläche für die Richtung der $x$-Achse. Wir bestimmen noch die Ableitung der Normalkrümmung nach dem Winkel $\omega$ und erhalten aus (115) wegen

$$\frac{\partial y'}{\partial \omega} = 1:$$

$$\varkappa_\omega = z''_{\mathsf{v}'} + \frac{1}{2} z'' \, F_{y'z'z'}.$$

Aus $G(\varGamma) = 0$ folgt

$$z'' + G_{xx} = 0 \qquad z''_{\mathsf{v}'} + 2\, G_{xy} = 0 \qquad z''_{\mathsf{v}'\mathsf{v}'} + 2\, G_{yy} = 0,$$

daher ist

$$\varkappa = -\, G_{xx} \tag{117}$$

$$\varkappa_\omega = -\, 2\, G_{xy} - \frac{1}{2}\, G_{xx}\, F_{y'z'z'}. \tag{118}$$

Man könnte nun ebenso $\varkappa_{\omega\omega}$ ausrechnen und damit nach (105) die Flächenkrümmungen $K$ und $M$ bestimmen, doch führt dies für den allgemeinen Fall nicht zu einfachen Ausdrücken. Ist aber $F^2 = \sum\limits_1^3 a_{ij}\, x_i'\, x_j'$, so erhält man auf diesem Wege die Werte:

$$K = \frac{1}{2}\, z''\, (z''_{y'y'} - \zeta''_{\mathsf{v}'\mathsf{v}'}) - \frac{1}{4}\, z''^2_{\mathsf{v}'}$$

$$M = \frac{1}{2}\, z'' + \frac{1}{4}\, (z''_{y'y'} - \zeta''_{\mathsf{v}'\mathsf{v}'})$$

oder

$$K = \frac{1}{2}\, G_{xx}\, (2\, G_{yy} + \zeta''_{\mathsf{v}'\mathsf{v}'}) - G_{xy}^2$$

$$M = -\, \frac{1}{2}\, G_{xx} - \frac{1}{4}\, (2\, G_{yy} + \zeta''_{\mathsf{v}'\mathsf{v}'}).$$

Durch passende Wahl des Koordinatensystems kann man auch noch die Größe $\zeta''_{\mathsf{v}'\mathsf{v}'}$ zum Verschwinden bringen, so daß die Fläche $z = 0$ von der Tangentialfläche $T_2$ in zweiter Ordnung berührt wird. Dann wird im Nullpunkt:

$$K = G_{xx}\, G_{yy} - G_{xy}^2$$

$$M = -\, \frac{1}{2}\, (G_{xx} + G_{yy}).$$

**Torsion der geodätischen Linien.** 75. Die Torsion $\varkappa_2$ einer geodätischen Linie kann man nach Gleichung (76) und (56) berechnen. Es wird:

$$b_{22} \doteqdot 0 \qquad b_{23} \doteqdot z''$$

$$l_2 \doteqdot \left(0, \; -z''^2 \left(y''' - \frac{3}{2} \, \eta''_{z'} \, z''\right), \; 0\right),$$

also

$$(119) \qquad \varkappa_2 \doteqdot \frac{1}{z''} \left(y''' - \frac{3}{2} \, \eta''_{z'} \, z''\right).$$

Aus Gleichung (91) folgt für $i = 3$:

$$\lambda \doteqdot z'' \doteqdot - G_{xx},$$

für $i = 2$ durch Differentiation nach $\tau$:

$$(120) \qquad y''' - \eta''_{z'} \, z'' + z'' \, F_{xy'z'} + z''^2 \, F_{y'z'z'} \doteqdot \lambda \, G_{xy} \doteqdot -\frac{1}{2} \, z''_{y'} \, z''.$$

Aus $\dfrac{\partial}{\partial z'} \left(\dfrac{d}{d\tau} F_{y'} - F_y\right) = 0$ folgt:

$$\eta''_{z'} + F_{y'z} + F_{xy'z'} - F_{yz'} \doteqdot 0,$$

und aus $\dfrac{\partial}{\partial y'} \left(\dfrac{d}{d\tau} \, F_{z'} - F\right) = 0$:

$$F_{yz'} + F_{xy'z'} - F_{y'z} \doteqdot 0,$$

also durch Addition:

$$\eta''_{z'} + 2 \, F_{xy'z'} \doteqdot 0.$$

Man kann also in Gleichung (120) $F_{xy'z'} \doteqdot -\frac{1}{2} \, \eta''_{z'}$ setzen und erhält wegen (119):

$$\varkappa_2 \doteqdot -\frac{1}{2} \, z''_{y'} - z'' \, F_{y'z'z'}$$

$$(121) \qquad\qquad \doteqdot G_{xy} + G_{xx} \, F_{y'z'z'}.$$

76. Für die Radien $P$ der Dupinschen Indikatrix hatten wir (§ 67) die Beziehung gefunden:

$$(122) \qquad\qquad \varkappa^2 \, P^4 = W^2.$$

Wir setzen zur Abkürzung:

$$\frac{1}{W^2} \, \frac{\partial W^2}{\partial \omega} = \Omega.$$

Diese Invariante $\Omega$ hängt von der Richtung $\mathfrak{p}_0$ und der Tangentialebene $T_2$ ab; im übrigen ist sie nur von der Maßbestimmung abhängig und nicht wie $P$ und $W$ mit einem unbestimmten Faktor behaftet. Für $F^2 = \sum a_{ij}\, x_i'\, x_j'$ verschwindet $\Omega$ identisch, da hier $W$ von $\omega$ unabhängig ist.

Für unser spezielles Koordinatensystem wird nach (103):

$$W^2 \doteq F\, \Phi\left(\frac{1}{l_3}\, l\right) \doteq 1,$$

$$\Omega \doteq F_{y'z'z'}.$$

Aus (122) folgt also

$$P^4 \doteq \frac{1}{\varkappa^2}$$

und

$$\varkappa_\omega = -\,2\varkappa\,\frac{P_\omega}{P} + \frac{1}{2}\,\varkappa\,\Omega. \tag{123}$$

Diese letztere Beziehung gilt allgemein, da sie nur Invarianten enthält und auch von der Größe der Dupinschen Indikatrix unabhängig ist. Der Vergleich mit (118) zeigt, daß

$$G_{xy} \doteq \varkappa\,\frac{P_\omega}{P}$$

ist, also erhält man aus (121):

$$\varkappa_2 = \varkappa\,\frac{P_\omega}{P} - \varkappa\,\Omega. \tag{124}$$

Die Gleichungen (123) und (124) ergeben

$$\varkappa_2 + \frac{\varkappa_\omega}{2} = -\,\frac{3}{4}\,\varkappa\,\Omega.$$

Nun ist nach der Definition der Krümmungen $K$ und $M$:

$$\frac{\varkappa_\omega^2}{4} = -\,-\,(\varkappa^2 - 2\varkappa M + K),$$

also ist

$$\left(\varkappa_2 + \frac{3}{4}\,\varkappa\,\Omega\right)^2 = -\,(\varkappa^2 - 2\varkappa M + K).$$

Daraus folgt:

*In denjenigen Punkten, in denen die Krümmung einer geodätischen Linie verschwindet, ist der Grenzwert ihrer Torsion:*

$$\lim \varkappa_2 = - \frac{\varkappa_\omega}{2} = \pm \sqrt{-K}.\,[1]$$

Für $F^2 = \sum a_{ij}\, x_i'\, x_j'$ erhält man den Satz:

*Die negative Torsion der geodätischen Linien ist gleich der Hälfte der Ableitung der Normalkrümmung nach dem Winkel $\omega$:*

$$(125) \qquad\qquad - \varkappa_2 = \frac{\varkappa_\omega}{2},$$

*oder, in den Flächenkrümmungen* $\varkappa$, $M$, $K$ *ausgedrückt:*

$$(126) \qquad\qquad \varkappa_2 = - (\varkappa^2 - 2\varkappa M + K),$$

*oder (nach (104)), wenn* $\varkappa = \dfrac{1}{r}$ *gesetzt wird:*

$$\varkappa_2^2 = \left( \frac{1}{r_1} - \frac{1}{r} \right) \left( \frac{1}{r} - \frac{1}{r_2} \right).\,[2]$$

**Krümmungslinien. 77.** Die *Hauptkrümmungsrichtungen* der Fläche können durch die Forderung $\varkappa_\omega = 0$ definiert werden. Die *Krümmungslinien* der Fläche sind diejenigen Flächenkurven, deren Richtungen sämtlich Hauptkrümmungsrichtungen sind.

Wir setzen $F'^2 = \sum a_{ij}\, x_i'\, x_j'$ voraus. Nach § 68 gilt dann der Satz:

*Durch jeden Punkt der Fläche, für den* $\varkappa(\omega)$ *nicht konstant ist, gehen zwei Krümmungslinien, die sich senkrecht schneiden*[3].

Ferner folgen aus (125) und (126) die Sätze[4]:

*Die Torsion der geodätischen Linien verschwindet für die Hauptkrümmungsrichtungen,*

oder, anders ausgedrückt:

---

[1] *Stahl-Kommerell* l. c. S. 89. *Bianchi* S. 166/167.

[2] *A. Enneper*: Analytisch-geometrische Untersuchungen. Zeitschrift für Mathematik und Physik. Bd. 9 (1864) S. 100.

[3] *Scheffers* Bd. II S. 212. *Bianchi* S. 99.| *Voß* l. c. S. 149.

[4] *Bianchi* S. 165, 164.

*Die Torsion der geodätischen Tangente* [1]) *einer Krümmungslinie verschwindet im Berührungspunkt.*

*Jede geodätische Krümmungslinie ist eben, und jede ebene geodätische Linie ist Krümmungslinie oder Extremale.*

*Für einen bestimmten Flächenpunkt ist das Maximum und Minimum der Torsion der geodätischen Linien gleich* $\pm \sqrt{M^2 - K}$; *es wird für diejenigen geodätischen Linien erreicht, deren Krümmung gleich der mittleren Krümmung der Fläche ist.*

Aus den Gleichungen (123) und (124) kann man für den allgemeinen Fall noch folgendes Resultat entnehmen:

*Ist* $\varkappa \neq 0$, *so schließen sich die drei Gleichungen*

$$P_{(\omega)} = 0 \qquad \varkappa_{(\omega)} = 0 \qquad \varkappa_2 = 0$$

*im allgemeinen (d. h. für* $\Omega \neq 0$) *gegenseitig aus, es können nicht zwei davon zugleich erfüllt werden. Ist aber* $F^2 = \sum_1^3 a_{ij}\, x_i'\, x_j'$, *so hat jede dieser Gleichungen die andern zur Folge.*

In diesem letzteren Falle kann man also die Hauptkrümmungsrichtungen und Krümmungslinien (wenigstens für $\varkappa \neq 0$) durch irgend eine der drei Gleichungen definieren. Dies läßt sich auf den allgemeinen Fall nicht übertragen, jede der drei Forderungen führt hier zu einem andern Resultat.

# XVII. Krümmung und Torsion der Asymptotenlinien. Abwickelbare Flächen.

**Torsion einer Flächenkurve für** $\varkappa = 0$. **78.** Nach dem Meusnierschen Satze ist die Krümmung einer beliebigen Flächenkurve eindeutig bestimmt, sobald die Normalkrümmung und die Schmiegungsebene der Kurve in dem betrachteten Punkte bekannt sind, ausgenommen in dem Falle, daß diese Schmiegungsebene die Fläche

---

[1]) Vielfach als „geodätische Torsion" bezeichnet (s. *Bianchi* S. 165), was aber nicht mit den geodätischen Krümmungen (§ 54) verwechselt werden darf.

berührt und die Normalkrümmung der Kurve verschwindet. Die absolute Krümmung der Kurve kann in diesem Falle noch beliebige Werte annehmen, man kann dann aber die Torsion der Kurve als Funktion der Krümmung berechnen.

Wir benutzen das in § 73 definierte Koordinatensystem und setzen voraus, daß die Normalkrümmung der Fläche für die Richtung der $x$-Achse verschwindet. Nach (117) ist dann

$$(127) \qquad\qquad G_{xx} = 0.$$

Es sei eine beliebige Flächenkurve **C** gegeben, welche die $x$-Achse im Nullpunkt berührt und deren Schmiegungsebene mit der Tangentialebene der Fläche zusammenfällt. Diese Kurve wird von einer Asymptotenlinie **A** berührt, deren Krümmung mit $k$ bezeichnet werde, während $k_1$ und $k_2$ die Krümmung und Torsion der Kurve **C** sein soll. $y$ und $z$ sollen sich auf die Asymptotenlinie, $y_1$ und $z_1$ auf die Kurve **C** beziehen.

Für die Kurve **C** ist

$$\mathbf{c}_2 = (0,\ y_1'',\ 0)$$
$$\mathbf{c}_3 = (0,\ y_1''',\ z_1''')$$
$$b_{22} = y_1'' \qquad b_{23} = 0$$
$$\mathbf{l}_2 = (0,\ 0,\ -\,y_1''\,z_1''').$$

Nach (76) wird also

$$k = y''$$
$$k_1 = y_1'' \qquad k_1\,k_2 = z_1'''.$$

Nun folgt aus (96) für die Asymptotenlinie **A**:

$$(128) \qquad z'' = 0 \qquad z''' + y''\,G_{xy} = 0.$$

Ferner folgt aus $G(\mathbf{A}) = 0$:

$$(129) \qquad z''' + 3y''\,G_{xy} + G_{xxx} = 0,$$

aus $G(\mathbf{C}) = 0$:

$$z_1''' + 3y_1''\,G_{xy} + G_{xxx} = 0,$$

es ist also

$$z_1''' + (3y_1'' - 2y'')\,G_{xy} = 0.$$

Nun ist nach (127), (118) und (105):

$$- G_{xy} \mp \frac{\varkappa_\omega}{2} \mp \sqrt{-K},$$

und man erhält das Resultat:

$$k_1\, k_2 = (3k_1 - 2k)\sqrt{-K}. \qquad (130)$$

Dies ist die gesuchte Beziehung zwischen $k_1$ und $k_2$.[1]

Hieraus ergibt sich auch die Torsion der Asymptotenlinie selbst, denn für $k_1 = k \neq 0$ wird

$$k_2 = \frac{\varkappa_\omega}{2} = \sqrt{-K}.$$

*Das Quadrat der Torsion einer Asymptotenlinie ist gleich der negativen Gaußschen Krümmung der Fläche.*[2]

Aus einem früher angegebenen Satze (§ 76) folgt noch:

*Die negative Torsion einer Asymptotenlinie ist gleich dem Grenzwert der Torsion ihrer geodätischen Tangente.*[3]

**Ebene Asymptotenlinien.** 79.  Für eine Enveloppe einer Schar von Asymptotenlinien hat $\varkappa(\omega)$ eine Doppelwurzel, daher ist längs dieser Enveloppe $K = 0$. Eine solche Kurve, für deren Linienelemente die Flächenkrümmung $K$ verschwindet, sei als *parabolische Kurve* bezeichnet. Man kann dann aus (130) für $k_1 = k$ noch folgende Sätze entnehmen:

*Eine ebene Asymptotenlinie, welche keine parabolische Kurve ist, ist eine Extremale.*

*Jede Asymptotenlinie, welche zugleich parabolische Kurve ist, insbesondere jede Enveloppe von Asymptotenlinien, ist eben.*

Wenn also auf einer Fläche keine ebene Asymptotenlinie vorhanden ist, so können die Asymptotenlinien keine Enveloppe besitzen. Im allgemeinen werden die Asymptotenlinien überall da Spitzen erhalten, wo für sie die Gaußsche Krümmung verschwindet.

---

[1] *O. Bonnet.* Nouv. Ann. 2. Ser. Bd. IV (1865) S. 267. — *Darboux* l. c. Bd. II (Paris 1889) S. 399.

[2] *Enneper,* Gött. Nachr. 1870, S. 499. *Scheffers* Bd. II S. 237. *Bianchi* S. 120. *Bianchi* 1. Aufl. S. 626.

[3] *Stahl-Kommerell* l. c. S. 89. *Bianchi* S. 166. (Bei der sonst üblichen Vorzeichenregel stimmen die beiden Torsionen auch dem Vorzeichen nach überein.)

**Krümmung der Asymptotenlinien.** 80. $\varkappa_\sigma$ sei die Ableitung der Normalkrümmung $\varkappa$ nach der Bogenlänge $\sigma$ der geodätischen Tangente; für die Asymptotenlinie **A** wird nach (102) § 67 [1])

$$\varkappa_\sigma \mp \varkappa_x \mp - G_{xxx}.$$

Das Produkt von Krümmung und Torsion der Asymptotenlinie erhält man aus (128) und (129):

$$k_1\, k_2 \mp z''' \mp \frac{G_{xxx}}{2};$$

für beliebige Asymptotenlinien ist also:

$$k_1\, k_2 = - \frac{\varkappa_\sigma}{2}.$$

Daraus folgt:

*Die Krümmung einer Asymptotenlinie[2]) ist für $K \neq 0$:*

$$(131) \qquad\qquad k = - \frac{\varkappa_\sigma}{\varkappa_\omega} = \frac{\pm\,\varkappa_\sigma}{2\sqrt{-K}}.$$

Da die $x$-Achse eine Extremale ist, so folgt für $G_{xxx} \mp 0$:
*Die Tangenten in regulären Punkten einer ebenen Asymptotenlinie berühren die Fläche in mindestens dritter Ordnung.*

Wenn für einen regulären Punkt einer ebenen Asymptotenlinie die Gaußsche Krümmung $K$ verschwindet, so wird der Ausdruck (131) unbestimmt. Wir wollen auch für diese Punkte die Krümmung der Asymptotenlinien berechnen. Aus $K = 0$ und $\varkappa = 0$ folgt $\varkappa_\omega = 0$; es fallen also für ein solches Linienelement zwei Asymptotenrichtungen zusammen, d. h. es berühren sich in ihm zwei Asymptotenlinien, die aber auch miteinander identisch sein können.

Die Differentialgleichung der Asymptotenlinien lautet nach (97) § 58:

$$(132) \qquad G_{xx} + 2y'\, G_{xy} + y'^2\, G_{yy} + \eta''\, G_y + \zeta'' = 0.$$

Aus $G = 0$ folgt $z$ und $z'$ als Funktion von $x, y, y'$, also sind auch $\eta''$ und $\zeta''$ Funktionen von $x, y, y'$. Die Bedingung, daß zwei

---

[1]) Die Quadratwurzel in dem Ausdruck (102) hat für unser Koordinatensystem den Wert $- 1$, vgl. (117).

[2]) Einen andern Ausdruck hat *Bonnet* angegeben, vgl. *Darboux* l. c. Bd. II S. 399 f.

Asymptotenrichtungen zusammenfallen, erhält man aus (132) durch partielle Differentiation nach $y'$:

$$2\,G_{xy} + 2y'\,G_{yy} + \eta''_{y'}\,G_y - \eta''_z\,G_y^2 + \zeta''_{y'} - \zeta''_z\,G_y = 0. \qquad (133)$$

Wenn das betrachtete Linienelement mit $p_0$ zusammenfällt, so folgt aus (132) und (133):

$$G_{xx} \;\overline{\mp}\; 0 \qquad G_{xy} \;\overline{\mp}\; 0.$$

Wir nehmen an, daß für das Linienelement $p_0$ nicht drei Asymptotenrichtungen zusammenfallen. Es soll also, wie durch nochmaliges Differenzieren hervorgeht:

$$2\,G_{yy} + \zeta''_{y'y'} \;\overline{\mp}\; 0,$$

d. h. $M \neq 0$ sein, denn nach (105) und (102) ist:

$$4\,M \;\overline{\mp}\; \varkappa_{\omega\omega} \;\overline{\mp}\; -(2\,G_{yy} + \zeta''_{y'y'}). \qquad (134)$$

Wird die Gleichung (132) längs einer Asymptotenlinie zweimal nach $t$ differenziert, so erhält man im Nullpunkt:

$$k^2\,(2\,G_{yy} + \zeta''_{y'y'}) + k\,(5\,G_{xxy} + 2\,\zeta''_{xy'} + \zeta''_y) + G_{xxxx} \;\overline{\mp}\; 0. \qquad (135)$$

Diese quadratische Gleichung für $y'' \;\overline{\mp}\; k$ liefert die Krümmungen der beiden Asymptotenlinien, die sich in dem betrachteten Linienelement berühren. Wenn die eine davon zugleich parabolische Kurve ist, so daß Gleichung (133) nach $t$ differenziert werden darf, so erhält man für diese Kurve:

$$k\,(2\,G_{yy} + \zeta''_{y'y'}) + 2\,G_{xxy} + \zeta''_{xy'} \;\overline{\mp}\; 0, \qquad (136)$$

also nach (135) für die andere:

$$k\,(3\,G_{xxy} + \zeta''_{xy'} + \zeta''_y) + G_{xxxx} \;\overline{\mp}\; 0. \qquad (137)$$

Man kann diese Krümmung $k$ auch mit Hilfe der Flächenkrümmungen, also durch invariante Größen darstellen. Wenn die betrachtete Asymptotenlinie keine parabolische Kurve ist, so ist ihre Krümmung nach (131) in der Umgebung des Nullpunkts bekannt und kann also für diesen Punkt selbst als Grenzwert gefunden werden:

$$-k = \lim \frac{\varkappa_\sigma}{\varkappa_\omega} = \lim \frac{\varkappa_\sigma}{2\sqrt{-K}}.$$

Wegen $\qquad \varkappa \doteqdot \varkappa_\sigma \doteqdot \varkappa_\omega \doteqdot 0$

erhält man aus (102) und (105):

$$(138) \quad \begin{cases} \varkappa_{\sigma\sigma} \doteqdot -\, G_{xxxx} \\[4pt] \varkappa_{\sigma\omega} \doteqdot -\, 2\, G_{xxy} - \zeta''_{xy'} \\[4pt] K \doteqdot K_\sigma \doteqdot K_\omega \doteqdot K_{\omega\omega} \doteqdot K_{\sigma\omega} \doteqdot 0 \\[4pt] K_{\sigma\sigma} \doteqdot -\dfrac{1}{2}\, \varkappa^2_{\sigma\omega} + 2\, M \varkappa_{\sigma\sigma}\,. \end{cases}$$

Wenn also die Gaußsche Krümmung $K$ für die Asymptotenlinie identisch verschwindet, so ist ihre absolute Krümmung $k$ nach (134) und (136):

$$(139) \quad k = -\,\frac{\varkappa_{\sigma\omega}}{\varkappa_{\omega\omega}} = -\,\frac{\varkappa_{\sigma\omega}}{4\,M} = \frac{\pm\,\sqrt{4\,M\varkappa_{\sigma\sigma} - 2\,K_{\sigma\sigma}}}{4\,M}\,.$$

**Abwickelbare Flächen.** 81. Die *abwickelbaren Flächen* seien durch die Eigenschaft definiert, daß sie eine Schar von Asymptotenlinien tragen, für welche die Gaußsche Krümmung $K$ identisch verschwindet. Diese Asymptotenlinien heissen die *Erzeugenden* der Fläche.[1]

Für die euklidische Geometrie ergibt dies die gewöhnlichen abwickelbaren Flächen; die Bezeichnung „abwickelbar" verliert aber bei der Verallgemeinerung ihre ursprüngliche Bedeutung.

Die partielle Differentialgleichung zweiter Ordnung für die abwickelbaren Flächen erhält man durch Elimination von $y'$ aus den Gleichungen (132) und (133). Man erkennt aus diesen Gleichungen, daß die abwickelbaren Flächen nicht von der speziellen Maßbestimmung, sondern nur von der Gestalt der Extremalen abhängig sind. Man kann dies leicht auch direkt aus der Definition der abwickelbaren Flächen entnehmen, da das Verschwinden von $K$ nur bedeutet, daß für jeden Punkt zwei Asymptotenrichtungen zusammenfallen sollen.[1]

Für $F^2 = \sum a_{ij}\, x'_i\, x'_j$ kann man die abwickelbaren Flächen auch einfach durch die Forderung definieren, daß für sie die Gaußsche Krümmung identisch verschwinden soll.

---

[1] *Scheffers* Bd. II S. 157.

**Krümmung der Erzeugenden.** 82. In der euklidischen Geometrie sind die abwickelbaren Flächen zugleich Regelflächen, d. h. ihre Erzeugenden sind gerade Linien. Daraus folgt, daß die abwickelbaren Flächen auch bei allen denjenigen Maßbestimmungen aus Extremalen bestehen, bei welchen man durch passende Wahl der Koordinaten erreichen kann, daß alle Extremalen durch lineare Gleichungen dargestellt werden.[1]) Hier gilt der Satz, *daß jede Schar von ebenen Asymptotenlinicn einer Fläche aus Extremalen besteht.*[2]) Dagegen kann eine einzelne Asymptotenlinie eben sein, ohne eine Extremale zu sein.

Im allgemeinen sind dagegen die abwickelbaren Flächen keine Regelflächen. Um die Krümmung der Erzeugenden zu bestimmen, kann man Gleichung (132) partiell nach $y$ differenzieren und erhält:

$$G_{xxy} + \zeta''_y = 0,$$

also aus (136) und (137):

$$k\,(2\,G_{yy} + \zeta''_{y'y'}) + \zeta''_{xy'} - 2\,\zeta''_y = 0 \qquad (140)$$

$$k\,(\zeta''_{xy'} - 2\,\zeta''_y) + G_{xxxx} = 0. \qquad (141)$$

Beide Gleichungen müssen dasselbe ergeben, die Gleichung (135) liefert eine Doppelwurzel. Durch Kombination dieser Gleichungen findet man noch:

$$k^2\,(2\,G_{yy} + \zeta''_{y'y'}) - G_{xxxx} = 0. \qquad (142)$$

In den Flächenkrümmungen ausgedrückt ist nach (139), (141), (142) und (138) die *Krümmung der Erzeugenden*:

$$k = -\frac{\varkappa_{\sigma\omega}}{\varkappa_{\omega\omega}} = -\frac{\varkappa_{\sigma\omega}}{4\,M} = -\frac{\varkappa_{\sigma\sigma}}{\varkappa_{\sigma\omega}} = \pm\sqrt{\frac{\varkappa_{\sigma\sigma}}{4\,M}}\,.$$

Der letzte Ausdruck zeigt, mit (139) verglichen, daß $K_{\sigma\sigma} = 0$ ist.

---

[1]) Vgl. *G. Hamel*: Über die Geometrieen, in denen die Geraden die Kürzesten sind. Dissertation (Göttingen 1901) und Mathematische Annalen Bd. 57 (1903) S. 231.

[2]) *Enneper* Gött. Nachr. 1870 S. 499.

Die Krümmung $k$ verschwindet im allgemeinen nicht, die Erzeugenden sind also i. a. keine Extremalen. Dies gilt auch, wenn $F^2 = \sum a_{ij} x_i' x_j'$ ist[1]), wie man bei der Funktion

$$F^2 = (1 + 2\,yz)\,x'^2 + y'^2 + z'^2$$

erkennen kann. Diese Funktion genügt den Anforderungen, die wir in Bezug auf das Koordinatensystem gestellt hatten. Es ist aber für das Linienelement $\mathfrak{p}_0$, wie aus den Lagrangeschen Gleichungen folgt (man kann hierbei $s$ statt $x$ als Parameter wählen und deshalb in (35) $F$ durch $F^2$ ersetzen[2])):

$$\zeta''_{xy'} \doteq 0 \qquad \zeta''_{y} \doteq 1,$$

daher nach (140) und (134):

$$k \doteq \frac{-1}{2\,M} \neq 0.$$

Mit früheren Resultaten zusammen haben wir also für den allgemeinen Fall gefunden:

*Die Erzeugenden der abwickelbaren Flächen sind ebene Kurven, deren Krümmung gleich* $-\dfrac{\varkappa_{\sigma\omega}}{4\,M}$ *ist. Die Tangenten der Erzeugenden berühren die Fläche in mindestens dritter Ordnung.*[3]) *Für die Richtung der Erzeugenden verschwindet die Gaußsche Krümmung K nebst den ersten und zweiten Ableitungen nach σ und ω.*

[1]) Entgegen *Voß* l. c. S. 171.
[2]) *Bianchi* 1. Aufl. S. 569.
[3]) *Voß* l. c. S. 171.

# Lebenslauf.

Ich, Paul Finsler aus Zürich, Schweizer Staatsangehöriger, wurde am 11. April 1894 als Sohn des Kaufmanns Julius Finsler und seiner Frau Elise geb. Berrer in Heilbronn geboren. Ich besuchte die Lateinschule in Urach und 1908—1912 das Realgymnasium in Cannstatt, das ich mit dem Zeugnis der Reife verließ. Michaelis 1912 bezog ich die Technische Hochschule in Stuttgart, um Mathematik zu studieren, und wurde Michaelis 1913 in Göttingen immatrikuliert. Ich besuchte Vorlesungen und Übungen bei folgenden Herren Professoren und Dozenten:

In Stuttgart: v. Hammer, Heer, v. Koch, Kutta, Mehmke.

In Göttingen: Ambronn, Behrens †, Bernstein, Born, Carathéodory, Debye, Hartmann, Hecke, Hertz, Hilbert, Katz, Klein, Landau, H. Maier, Prandtl, Runge, v Sanden, Wiechert.

Allen meinen verehrten Lehrern spreche ich meinen herzlichsten Dank aus. Vor allem bin ich Herrn Professor Dr. Carathéodory für die Anregung zu dieser Arbeit und für sein großes Wohlwollen zu innigstem Dank verpflichtet.

# LITERATURVERZEICHNIS
## BIS 1949

## A. *Lehrbücher und Monographien* [1])

1826 CAUCHY, A.L., *Leçons sur les applications du calcul infinitésimal à la géométrie*, Bd. 1 (Paris).

1827 GAUSS, C.F., *Disquisitiones generales circa superficies curvas* (*Allgemeine Flächentheorie*), Ges. Werke, Bd. 4; siehe auch Ostwalds Klassiker der exakten Wissenschaft, Bd. 5 (Engelmann, Leipzig 1889).

1844 GRASSMANN, H., *Die lineale Ausdehnungslehre. Ein neuer Zweig der Mathematik*, Ges. Schriften, Bd. 1 (B. G. Teubner, Leipzig).

1854 RIEMANN, B., *Über die Hypothesen, welche der Geometrie zugrunde liegen*, Ges. Werke, 2. Aufl. 1892, S. 272–287. Als Einzelschrift mit Anmerkungen herausgegeben von H. WEYL bei J. Springer (Berlin 1919).

1862 GRASSMANN, H., *Die Ausdehnungslehre*, Ges. Schriften, Bd. 2 (B. G. Teubner, Leipzig).

1872 KLEIN, F., *Vergleichende Betrachtungen über neuere geometrische Forschungen*, Programm zum Eintritt in die philosophische Fakultät und den Senat der Universität Erlangen (Deichert, Erlangen); siehe auch Math. Ann. *43*, 63–100 (1893).

1885 KILLING, W., *Die nicht-euklidischen Raumformen in analytischer Behandlung* (B. G. Teubner, Leipzig).

1886 GRASSMANN, H., *Anwendung der Ausdehnungslehre auf die allgemeine Theorie der Raumkurven und krummen Flächen,* I: Beilage zum Programm der lateinischen Hauptschule zu Halle a.d. Saale; II: ebenda (1888); III: Dissertation (Halle 1893).

1887 DARBOUX, G., *Leçons sur la théorie générale des surfaces et les applications géométriques du calcul infinitésimal*, Bd. 1 1887, Bd. 2 1889, Bd. 3 1894, Bd. 4 1896 (Gauthier-Villars, Paris).

1888 1. GRASSMANN, H., siehe 1886.
    2. LIE, S., *Theorie der Transformationsgruppen*, unter Mitwirkung von F. ENGEL bearbeitet, 3 Bde. (B. G. Teubner, Leipzig).

1889 DARBOUX, G., siehe 1887.

1893 1. GRASSMANN, H., siehe 1886.
    2. KILLING, W., *Einführung in die Grundlagen der Geometrie*, I und II (Schöning, Paderborn 1898).
    3. STAHL, H., und KOMMERELL, V., *Die Grundformeln der allgemeinen Flächentheorie* (B. G. Teubner, Leipzig).

1894 1. BIANCHI, LUIGI, *Lezioni di geometria differenziale* (E. Spoerri, Pisa); siehe 1899.
    2. DARBOUX, G., siehe 1887.

1896 1. DARBOUX, G., siehe 1887.
    2. VON LILIENTHAL, R., *Grundlagen einer Krümmungstheorie der Kurvenscharen* (B. G. Teubner, Leipzig).

1897 BURALI-FORTI, C., *Introduction à la géométrie différentielle suivant la méthode de H. Grassmann* (Gauthier-Villars, Paris).

1898 1. DARBOUX, G., *Leçons sur les systèmes orthogonaux et les coordonnées curvilignes* (Gauthier-Villars, Paris).
    2. RICCI, G., *Lezioni sulla teoria delle superficie* (Frat. Drucker, Verona-Padova).

---

[1]) Weitere Literatur siehe bei SOMMERVILLE (1911) und STRUIK (1922).

1899 BIANCHI, LUIGI, *Vorlesungen über Differentialgeometrie*, autorisierte
deutsche Übersetzung von MAX LUKAT (B. G. Teubner, Leipzig),
2. Aufl. 1910, siehe 1894.

1900 1. KNESER, ADOLF, *Lehrbuch der Variationsrechnung* (Vieweg & Sohn,
Braunschweig).
2. SCHEFFERS, GEORG, *Anwendung der Differential- und Integralrech-
nung auf Geometrie*, I: *Einführung in die Theorie der Kurven in der
Ebene und im Raume* (Veit & Co., Leipzig; 2.Aufl. 1910; 3.Aufl. W. de
Gruyter & Co., Berlin und Leipzig 1923); II: *Einführung in die
Theorie der Flächen* (Veit & Co., Leipzig 1902, 2. Aufl. 1913;
3. Aufl. W. de Gruyter & Co., Berlin und Leipzig 1922).

1901 CESÀRO, E., *Vorlesungen über natürliche Geometrie*, autorisierte
deutsche Ausgabe von G. KOWALEWSKI (B. G. Teubner, Leipzig).

1903 KOMMERELL, V. und K., *Allgemeine Theorie der Raumkurven und
Flächen*, I, II (G. J. Göschen, Leipzig [Sammlung Schubert, Bde. 29
und 44], 2. Aufl., I: 1909, II: 1911; 3. Aufl. Vereinigung wissen-
schaftlicher Verleger, Berlin 1921).

1904 BOLZA, O., *Lectures on the calculus of variations* (Chicago University
Press), siehe 1909.

1908 WEITZENBÖCK, R., *Komplex-Symbolik. Eine Einführung in die analytische Geometrie mehrdimensionaler Räume* (G. J. Göschen, Leipzig
[Sammlung Schubert, Bd. 57]).

1909 BOLZA, O., *Vorlesungen über Variationsrechnung* (B. G. Teubner,
Berlin und Leipzig; Nachdruck 1933, K. S. Koehlers Antiquarium,
Leipzig; Nachdruck 1949, Koehler & Amelang, Leipzig), siehe 1904.

1911 SOMMERVILLE, D. M. Y., *Bibliography of Non-Euclidean geometry,
including the Theory of Parallels, the Foundations of Geometry and
Space of n Dimensions* (Harrison & Sons, London, for the University
of St. Andrews, Scotland).

1913 KNOBLAUCH, J., *Grundlagen der Differentialgeometrie* (B. G. Teubner,
Leipzig und Berlin).

1914 SCHOUTEN, J. A., *Grundlagen der Vektor- und Affinoranalysis* (B. G.
Teubner, Leipzig und Berlin).

1915 GOURSAT, E., *Cours d'analyse mathématique*, Bd. 3, 2. Aufl. (Gauthier-Villars, Paris).

1918 WEYL, H., *Raum-Zeit-Materie* (J. Springer, Berlin), 4. Aufl. 1921.

1921 BLASCHKE, W., *Vorlesungen über Differentialgeometrie und geometrische Grundlagen von Einsteins Relativitätstheorie;* I: *Elementare Differentialgeometrie;* II: *Affine Differentialgeometrie* (1923); III: *Differentialgeometrie der Kreise und Kugeln* (1929) (J. Springer, Berlin
[Grundlehren der math. Wiss., Bde. 1, 7 und 29]).

1922 STRUIK, D. J., *Grundzüge der mehrdimensionalen Differentialgeometrie
in direkter Darstellung* (J. Springer, Berlin).

1924 SCHOUTEN, J. A., *Der Ricci-Kalkül* (J. Springer, Berlin).

1925 1. BLISS, G. A., *Calculus of variations* (The open Court Publishing
Comp. [The Carus Mathematical Monographs], Chicago); siehe
auch 1932, 1.
2. CARTAN, ELIE, *La géométrie des espaces de Riemann* (Gauthier-
Villars, Paris [Mém. Sci. Math. 9]).

1925 3. LEVI-CIVITA, T., *Lezioni di calcolo differenziale assoluto*, raccolte e compilate da ENRICO PERSICO (A. Stock, Roma).
 4. STRUIK, D. J., *Sur quelques recherches modernes de géométrie différentielle*, Rend. Sem. Mat. Roma (2a) 3.
1926 1. EISENHART, L. P., *Riemannian geometry* (Princeton University Press).
 2. LAGRANGE, R., *Calcul différentiel absolu* (Gauthier-Villars, Paris).
1927 1. BERWALD, L., *Differentialinvarianten in der Geometrie. Riemannsche Mannigfaltigkeiten und ihre Verallgemeinerungen* (B. G. Teubner, Leipzig [Enzyklopädie der mathematischen Wissenschaften mit Einschluß ihrer Anwendungen III D 11]).
 2. EISENHART, L. P., *Non-Riemannian geometry* (Colloq. Publ. Amer. Math. Soc., Bd. 8, New York).
 3. FORSYTH, A.R., *Calculus of variations* (Cambridge University Press).
 4. LEVI-CIVITA, T., *The absolute differential calculus* (Blackie, London).
1928 1. CARTAN, E., *Leçons sur la géométrie des espaces de Riemann* (Gauthier-Villars, Paris), 2. Aufl. 1946.
 2. FRÉCHET, M., *Les espaces abstraits* (Gauthier-Villars, Paris).
 3. LEVI-CIVITA, T., *Der absolute Differentialkalkül und seine Anwendungen in Geometrie und Physik*, deutsche Ausgabe von A. DUSCHEK (J. Springer, Berlin [Grundlehren der mathematischen 'Wissenschaften, Bd. 28]).
1930 1. DE DONDER, TH., *Théorie invariantive du calcul des variations* (Gauthier-Villars, Paris).
 2. DUSCHEK, A., und MAYER, W., *Lehrbuch der Differentialgeometrie*, I: *Kurven und Flächen im euklidischen Raum;* II: *Riemannsche Geometrie* (B. G. Teubner, Leipzig und Berlin).
1932 1. BLISS, G. A., *Variationsrechnung*, deutsche Ausgabe von F. SCHWANK (B. G. Teubner, Leipzig); siehe 1925, 1.
 2. VEBLEN, O., und WHITEHEAD, J. H. C., *The foundations of differential geometry*, Cambridge Tracts in Math. and Math. Phys. 29.
1933 KOSCHMIEDER, L., *Variationsrechnung*, I (W. de Gruyter, Berlin [Sammlung Göschen, Bd. 1074]).
1934 1. HLAVATY, V., *Les courbes de la variété générale à n dimensions* (Gauthier-Villars, Paris [Mém. Sci. Math. *63*]).
 2. KÄHLER, E., *Einführung in die Theorie der Systeme von Differentialgleichungen* (B. G. Teubner, Leipzig [Hamburger Math. Einzelschr. *16*]).
 3. STRUIK, D. J., *Theory of linear connections* (J. Springer, Berlin [Ergebnisse der Mathematik und ihrer Grenzgebiete III, 2]).
 4. THOMAS, T. Y., *The differential invariants of generalized spaces* (Cambridge University Press).
1935 1. CARATHÉODORY, C., *Variationsrechnung und partielle Differentialgleichungen erster Ordnung* (B. G. Teubner, Leipzig und Berlin).
 2. SCHOUTEN, J. A., und STRUIK, D. J., *Einführung in die neueren Methoden der Differentialgeometrie*, I: *Algebra und Übertragungslehre* (P. Noordhoff, Groningen und Batavia).
1938 1. SCHOUTEN, J. A., und STRUIK, D. J., *Einführung in die neueren Methoden der Differentialgeometrie*, II: *Geometrie* (P. Noordhoff, Groningen und Batavia).

1938  2. WEATHERBURN, C. E., *An introduction to Riemannian geometry and the tensor calculus* (Cambridge University Press).

1940  1. EISENHART, L. P., *An introduction to differential geometry* (Princeton University Press), 2. Aufl. 1947.

       2. LANE, ERNEST PRESTON, *Metric differential geometry of curves and surfaces* (Chicago University Press).

1942  1. BUSEMANN, HERBERT, *Metric methods in Finsler spaces and in the foundations of geometry* (Princeton University Press).

       2. LANE, ERNEST PRESTON, *A treatise on projective differential geometry* (Chicago University Press).

1943  CRAIG, HOMER V., *Vector and tensor analysis* (McGraw-Hill Book Co., New York).

1947  1. RACHEVSKY, P. K., *Die geometrische Theorie der partiellen Differentialgleichungen* (OGIS, Moskau).

       2. VRANCEANU, G., *Leçons de géométrie différentielle*, Bd. 1 (Bukarest), 1949 bei Gauthier-Villars, Paris.

1948  FEDERER, HERBERT, *An introduction to differential geometry* (Distributed by the Stenographic Bureau, Brown University Providence 12).

## B. *Abhandlungen, Noten, Dissertationen usw.* [1])

1861  RIEMANN, B., *Commentatio mathematica, qua respondere tentatur quaestioni ab III$^a$ Academia Parisiensi propositae*, Ges. Werke, 2. Aufl. 1892, S. 391–423 (mit Anmerkungen von DEDEKIND).

1864  ENNEPER, A., *Analytisch-geometrische Untersuchungen*, Z. Math. Phys. *9*.

1865  BELTRAMI, E., *Ricerche di Analisi applicata alla geometria*, Giorn. Mat. (Battaglini) 2, 3; Opere mat., Bd. 1, S. 107–199.

1868  1. BELTRAMI, E., *Sulla teoria generale dei parametri differenziali*, Opere mat., Bd. 2, S. 74–118; siehe auch Mem. Accad. Bologna (2) *8*, 551–590.

       2. BELTRAMI, E., *Teoria fondamentale degli spazii di curvatura costante*, Opere mat., Bd. 1, S. 406–429; siehe auch Ann. Mat. (2) *2*, 232–245.

1869  1. BELTRAMI, E., *Zur Theorie des Krümmungsmaßes*, Opere mat., Bd. 2, S. 119–128; siehe auch Math. Ann. *1*, 575–582.

       2. LIPSCHITZ, R., *Untersuchungen in Betreff der ganzen homogenen Funktionen von n Differentialen*, J. Math. *70*, 71–102.

1870  1. ENNEPER, A., *Über asymptotische Linien*, Göttinger Nachr. 1870, 493–510.

       2. LIPSCHITZ, R., *Fortgesetzte Untersuchungen in Betreff der ganzen homogenen Funktionen von n Differentialen*, J. Math. *72*, 1–56.

1871  1. LIE, S., *Über diejenige Theorie eines Raumes mit beliebig vielen Dimensionen, die der Krümmungstheorie des gewöhnlichen Raumes entspricht*, Göttinger Nachr. 1871, 191–209.

       2. LIE, S., *Zur Theorie eines Raumes von n Dimensionen*, Göttinger Nachr. 1871, 535–551.

---

[1]) Weitere Literatur siehe bei SOMMERVILLE (A, 1911) und STRUIK (A, 1922).

1872 Klein, F., siehe A, 1872.

1874 1. Jordan, C., *Sur la théorie des courbes dans l'espace à n dimensions*, C. r. Acad. Sci. Paris *79*, 795–797.

2. Jordan, C., *Généralisation du théorème d'Euler sur la courbure des surfaces*, C. r. Acad. Sci. Paris *79*, 909–911.

1875 1. Beez, R., *Zur Theorie des Krümmungsmaßes von Mannigfaltigkeiten höherer Ordnung*, I, Z. Math. Phys. *20*, 423–444.

2. Jordan, C., *Essai sur la géométrie à n dimensions*, Bull. Soc. Math. France *3*, 103–173.

1876 1. Beez, R., *Zur Theorie des Krümmungsmaßes*, II, Z. Math. Phys. *21*, 373–401.

2. Lipschitz, R., *Beitrag zur Theorie der Krümmung*, J. Math. *81*, 230–242.

1879 Beez, R., *Über das Riemannsche Krümmungsmaß höherer Mannigfaltigkeiten*, Z. Math. Phys. *24*, 1–17 und 65–82.

1880 1. Voss, A., *Zur Theorie der Transformation quadratischer Differentialausdrücke und der Krümmung höherer Mannigfaltigkeiten*, Math. Ann. *16*, 129–178.

2. *Zur Theorie des Riemannschen Krümmungsmaßes*, Math. Ann. *16*, 571–576.

1881 1. Craig, Th., *On certain metric properties of surfaces*, Amer. J. Math. *4*, 297–320.

2. Haas, A., *Versuch einer Darstellung der Geschichte des Krümmungsmaßes*, Dissertation (Tübingen).

1882 Brunel, C. E. A., *Sur les propriétés métriques des courbes gauches dans un espace linéaire à n dimensions*, Math. Ann. *19*, 37–56.

1884 Lie, S., *Über Differentialinvarianten*, Math. Ann. *24*, 537–578.

1892 Žorawski, Kasimir, *Über Biegungsinvarianten*, Acta math. *16*, 1–64.

1894 1. Cesàro, E., *Sulla geometria intrinseca degli spazii curvi*, Atti Accad. Napoli (2) *6*, 10 S.; siehe auch Rend. Accad. Napoli (2) *8*, 87.

2. Rath, E., *Die Grundformeln der allgemeinen Kurven- und Flächentheorie im nicht-euklidischen Raum*, Dissertation (Tübingen, Laupp), 41 S.

3. Stäckel, P., *Über Biegungen von n-fach ausgedehnten Mannigfaltigkeiten*, J. Math. *113*, 102–114.

1895 Landsberg, G., *Zur Theorie der Krümmungen eindimensionaler, in höheren Mannigfaltigkeiten enthaltener Gebilde*, J. Math. *114*, 338–344.

1897 1. Berzolari, L., *Un'osservazione sull'estensione dei teoremi di Eulero e di Meusnier agli iperspazii*, Atti Accad. Lincei Rend. (5) *8*, 13–22.

2. Kommerell, K., *Die Krümmung der zweidimensionalen Gebilde im ebenen Raum von vier Dimensionen*, Dissertation (Tübingen).

3. Landsberg, G., *Über den Zusammenhang der Krümmungstheorie der Kurven mit der Mechanik starrer Systeme des n-dimensionalen Raumes*, J. Math. *118*, 163–172.

1898 1. Berzolari, L., *Ancora sull'estensione dei teoremi di Eulero e Meusnier agli iperspazii*, Atti Accad. Lincei Rend. (5) *7/I*, 4–6.

2. Campbell, J. E., *Transformations which leave the length of arcs on surfaces unaltered*, Proc. London Math. Soc. *29*, 249–264.

1898  3. v. Escherich, G., *Die zweite Variation der einfachen Integrale*, 1. Mitt.: Wiener Berichte *107*, 1191–1250; 2. Mitt.: Wiener Berichte *107*, 1267–1326; 3. Mitt.: Wiener Berichte *107*, 1383–1430.

1899  v. Escherich, G., *Die zweite Variation der einfachen Integrale*, 4. Mitt.: Wiener Berichte *108*, 1269–1340; 5. Mitt.: Wiener Berichte *110*, 1355–1421 (1901).

1900  1. Osgood, W. F., *On the existence of the Green's function for the most general simply connected plane region*, Trans. Amer. Math. Soc. *1*, 310–314.

2. Ricci, G., und Levi-Civita, T., *Méthodes du calcul différentiel absolu et leurs applications*, Math. Ann. *54*, 125–201.

3. Schlegel, V., *Sur le développement et l'état actuel de la géométrie à n dimensions*, Enseignement math. 2, 77–113.

1901  1. v. Escherich, G., *Über eine hinreichende Bedingung für das Maximum und Minimum einfacher Integrale*, Math. Ann. *55*, 108–118; siehe auch 1899.

2. Hadamard, J., *Sur les éléments linéaires à plusieurs dimensions*, Bull. Sci. Math. (2) *25*, 37–40.

3. Hamel, G., *Über die Geometrien, in denen die Geraden die kürzesten sind*, Dissertation (Göttingen); siehe auch Math. Ann. *57*, 231–264 (1903).

1902  1. Bianchi, L., *Sui simboli a quattro indice e sulla curvatura di Riemann*, Atti Accad. Lincei Rend. (5) *11/I*, 3–7.

2. Gernet, N., *Untersuchungen zur Variationsrechnung*, Dissertation (Göttingen), 75 S.

3. Ricci, G., *Formole fondamentali nella teoria generale delle varietà e della loro curvatura*, Atti Accad. Lincei Rend. (5) *11/I*, 355–362.

1903  Hamel, G., siehe 1901, 3.

1904  1. Carathéodory, C., *Über die diskontinuierlichen Lösungen in der Variationsrechnung*, Dissertation (Göttingen), 71 S.

2. Cesàro, E., *Nuova teoria intrinseca degli spazi curvi*, Mem. Accad. Lincei (5), 22 S.

3. Kühne, H., *Über die Krümmung einer beliebigen Mannigfaltigkeit*, Arch. Math. Phys. (3) *6*, 251–260.

4. Veblen, O., *A system of axioms for geometry*, Trans. Amer. Math. Soc. *5*, 343–384.

1905  Bliss, G. A., *An existence theorem for a differential equation of the second order, with application to the calculus of variations*, Trans. Amer. Math. Soc. *5*, 113–125.

1906  1. Bliss, G. A., *A generalization of the notion of angle*, Trans. Amer. Math. Soc. *7*, 184–196.

2. Carathéodory, C., *Über die starken Maxima und Minima bei einfachen Integralen*, Math. Ann. *62*, 449–503.

3. Smith, A. W., *The symbolic treatment of differential geometry*, Trans. Amer. Math. Soc. *7*, 33–60.

4. Stromquist, Carl Eben, *On geometries in which circles are the shortest lines*, Trans. Amer. Math. Soc. *7*, 175–183.

5. Żorawski, K., *Über Krümmungseigenschaften der Scharen von Linienelementen*, Prace Mat. Fiz. *17*, 41–76.

1907 1. LANDSBERG, G., *Über die Totalkrümmung*, Jber. dtsch. Math.-Ver. *16*, 36–46.
2. LANDSBERG, G., *Krümmungstheorie und Variationsrechnung*, Jber. dtsch. Math.-Ver. *16*, 547–551.
1908 BLISS, G. A., siehe 4.
1. CARATHÉODORY, C., *Sur une méthode directe du calcul des variations*, Rend. Circ. Mat. Palermo *25*, 36–49.
2. LANDSBERG, G., *Über die Krümmung in der Variationsrechnung*, Math. Ann. *65*, 313–349.
3. LEVI, E. E., *Saggio sulla teoria delle superficie a due dimensioni immerse in un iperspazio*, Ann. Scuola Norm. Sup. Pisa *10*, 99 S.; auch Dissertation (Pisa 1905).
4. MASON, M., und BLISS, G. A., *The properties of curves in space, which minimize a definite integral*, Trans. Amer. Math. Soc. *9*, 440–466.
5. UNDERHILL, ANTHONY LISPENARD, *Invariants of the function $f(x, y, x', y')$ in the calculus of variations*, Trans. Amer. Math. Soc. *9*, 316–338.
1910 1. BATES, W. H., *Note on the generalization of the formulæ of Gauss and Codazzi*, Proc. Amer. Math. Soc. (2) *16*, 463.
2. MEYER, W. FR., *Über kürzeste Abstände und einen verallgemeinerten Krümmungsbegriff in der Theorie der Raumkurven und Flächen*, J. Math. *139*, 106–117.
1911 1. FUJIWARA, M., *Über die invariantentheoretische Bedeutung der Lagrangeschen Gleichung des Variationsproblems für das Doppelintegral*, Tôhoku Math. J. *1*, 8–18.
2. FUJIWARA, M., *Über die invariante Form der zweiten Variation eines Doppelintegrals*, Tokyo Math. Ges. (2) *6*, 123–127.
3. SISAM, CH. H., *On three-spreads satisfying four or more homogeneous linear partial differential equations of the second order*, Amer. J. Math. *33*, 97–128.
1912 1. BLASCHKE, W., *Über die Figuratrix in der Variationsrechnung*, Arch. Math. Phys. (3) *20*, 28–44.
2. DE DONDER, TH., *Sur les invariants du calcul des variations*, C. r. Acad. Sci. Paris *155*, 577–580 und 1003–1005.
3. GUICHARD, C., *Etude des propriétés métriques des courbes dans un espace d'ordre quelconque*, Bull. Sci. math. (2) *36*, 25–30 und 34–72.
4. LIPKE, J., *Natural families of curves in a general curved space of n dimensions*, Trans. Amer. Math. Soc. *13*, 77–95; auch Dissertation (University of Columbia).
1913 1. BEHAGHEL, W., *Analogon der Weierstraßschen Relation zwischen der E-Funktion und der Funktion $F_1$ für das räumliche Variationsproblem*, Math. Ann. *73*, 596–599.
2. BOMPIANI, E., *Sopra alcune estensioni dei teoremi di Meusnier e di Eulero*, Atti Accad. Torino *48*, 393–410.
3. CARATHÉODORY, C., *Sur les points singuliers du problème du calcul des variations dans le plan*, Ann. Mat. (3) *21*, 153–171.
4. SHAW, J. B., *On differential invariants*, Amer. J. Math. *35*, 394–406.
1914 1. BLISS, G. A., *The Weierstrass E-Function for problems of the calculus of variations in space*, Trans. Amer. Math. Soc. *15*, 369–378.

1914  2. NOHEL, E., *Zur natürlichen Geometrie ebener Transformationsgruppen*, Wiener Berichte *123*, 2085–2115.

1915  BLISS, G. A., *Generalizations of geodesic curvature and a theorem of Gauss concerning geodesic triangles*, Amer. J. Math. *37*, 1–18.

1916  RADON, J., *Über eine besondere Art ebener konvexer Kurven*, Leipziger Berichte *68*, 123–128.

1917  1. LEVI-CIVITA, T., *Nozione di parallelismo in una varietà qualunque e conseguente specificazione geometrica della curvatura Riemanniana*, Rend. Circ. Mat. Palermo *42*, 173–205.

      2. MÜLLER, E., *Duale Gegenstücke zu den flächentheoretischen Sätzen von Meusnier und Euler*, Wiener Berichte *126*, 311–318.

1918  1. FINSLER, PAUL, *Über Kurven und Flächen in allgemeinen Räumen*, Dissertation (Göttingen), 121 S.

      2. NOETHER, E., *Invarianten beliebiger Differentialausdrücke*, Göttinger Nachr. 1918, 37–44.

      3. VOSS, A., *Zur Theorie der Kurven im Raume*, Münchner Berichte 1918, 283–354.

1919  FUNK, P., *Über den Begriff «extremale Krümmung» und eine kennzeichnende Eigenschaft der Ellipse*, Math. Z. *3*, 87–92.

1920  1. BERWALD, L., *Über die erste Krümmung der Kurven bei allgemeiner Maßbestimmung*, Lotos Prag *67/68*, 52–56.

      2. BERWALD, L., *Über affine Geometrie, 27: Liesche $F_2$. Affinnormale und mittlere Krümmung*, Math. Z. *8*, 63–70.

      3. BLASCHKE, W., *Geometrische Untersuchungen zur Variationsrechnung, I: Über Symmetralen*, Math. Z. *6*, 281–285.

      4. FUNK, P., und BERWALD, L., *Flächeninhalt und Winkel in der Variationsrechnung*, Lotos Prag *67/68*, 45–51.

1921  1. BERWALD, L., *Über affine Geometrie, 30: Die oskulierenden Flächen zweiter Ordnung in der affinen Flächentheorie*, Math. Z. *10*, 160–172.

      2. BOMPIANI, E., *Caratterizzazione intrinseca di elementi lineari rispetto al parallelismo*, Atti Accad. Lincei Rend. (5) *30*, 168–171.

1922  1. BERWALD, L., *Zur Geometrie einer n-dimensionalen Riemannschen Mannigfaltigkeit im $(n+1)$-dimensionalen euklidisch-affinen Raum*, Jber. dtsch. Math.-Ver. *31*, 162–170.

      2. CARTAN, E., *Sur une définition géométrique du tenseur d'énergie d'Einstein*, C. r. Acad. Sci. Paris *174*, 437–439.

      3. CARTAN, E., *Sur une généralisation de la notion de courbure de Riemann et les espaces à torsion*, C. r. Acad. Sci. Paris *174*, 593–595.

      4. CARTAN, E., *Sur les espaces généralisés et la théorie de la relativité*, C. r. Acad. Sci. Paris *174*, 734–737.

      5. CARTAN, E., *Sur les espaces conformes généralisés et l'Univers optique*, C. r. Acad. Sci. Paris *174*, 857–860.

      6. CARTAN, E., *Sur les équations de structure des espaces généralisés et l'expression analytique du tenseur d'Einstein*, C. r. Acad. Sci. Paris *174*, 1104–1108.

      7. EISENHART, L. P., *Spaces with corresponding paths*, Proc. nat. Acad. Sci. U.S.A. *8*, 233–238.

      EISENHART, L. P., siehe 10.

      8. VEBLEN, O., *Normal coordinates for the geometry of paths*, Proc. nat. Acad. Sci. U.S.A. *8*, 192–197.

1922 9. VEBLEN, O., *Projective and affine geometry of paths*, Proc. nat. Acad. Sci. U.S.A. *8*, 347–350.

10. VEBLEN, O., und EISENHART, L. P., *The Riemannian geometry and its generalization*, Proc. nat. Acad. Sci. U.S.A. *8*, 19.

1923 1. CARATHÉODORY, C., *Über die Enveloppen der Extremalen eines Feldes in mehrdimensionalen Räumen*, Bull. Soc. Math. Hellén. *4*, 1–10.

2. CARATHÉODORY, C., *Sui campi di estremali uscenti da un punto e riempienti tutto lo spazio*, Boll. Unione mat. ital. *2*, 1–16.

3. EISENHART, L. P., *Affine geometry of paths possessing an invariant integral*, Proc. nat. Acad. Sci. U.S.A. *9*, 4–7.

4. EISENHART, L. P., *The geometry of paths and general relativity*, Ann. Math. (2) *24*, 367–392.

5. LEVI-CIVITA, T., *Differenciales segundas que se comportan de modo invariantivo*, Rev. Mat. Hisp.-Amer. *5*, 165–176.

6. LIPKA, J., *On the angle between two curves in $V_n$*, Bull. Amer. Math. Soc. *29*, 152.

7. LIPKA, J., *On the relative curvature of two curves in $V_n$*, Bull. Amer. Math. Soc. *29*, 345–348.

8. MACCONE, A., *Le geometrie di Sophus Lie et le geometrie non pitagoriche in generale*, Atti Accad. Lincei Rend. (5) *32*, 327–331.

9. NOETHER, E., *Algebraische und Differentialinvarianten*, Jber. dtsch. Math.-Ver. *32*, 177–184.

THOMAS, T. Y., siehe 12.

10. VEBLEN, O., *Projective and affine geometry of paths*, Bull. Amer. Math. Soc. *29*, 3–4.

11. VEBLEN, O., *Equiaffine geometry of paths*, Proc. nat. Acad. Sci. U.S.A. *9*, 3–4.

12. VEBLEN, O., und THOMAS, T. Y., *Geometries of paths admitting first integrals*, Bull. Amer. Math. Soc. *29*, 218.

13. WIRTINGER, W., *Über allgemeine Maßbestimmungen, in welchen die geodätischen Linien durch lineare Gleichungen dargestellt werden*, Mh. Math. *33*, 1–14.

1924 1. CARTAN, E., *Sur les variétés à connexion projective*, Bull. Soc. Math. France *52*, 205–241.

2. CARTAN, E., *Les récentes généralisations de la notion d'espace*, Bull. Sci. Math. (2) *48*, 294–320.

3. EISENHART, L. P., *Geometries of paths for which the equations of the paths admit a quadratic first integral*, Trans. Amer. Math. Soc. *26*, 378–384; siehe auch Bull. Amer. Math. Soc. *30*, 297–298.

4. LAGRANGE, R., *Sur les $ds^2$ réductibles à deux formes de Liouville*, C. r. Acad. Sci. Paris *178*, 1682–1684.

5. TAYLOR, J. H., *A generalization of Levi-Civita's parallelism and the Frenet formulas*, Bull. Amer. Math. Soc. *30*, 400.

6. VEBLEN, O., und THOMAS, T. Y., *The geometry of paths*, Trans. Amer. Math. Soc. *25*, 551–608.

1925 1. BERWALD, L., *Über Parallelübertragung in Räumen mit allgemeiner Maßbestimmung*, Jber. dtsch. Math.-Ver. *34*, 213–220.

2. CARATHÉODORY, C., *Die Methode der geodätischen Äquidistanten und das Problem von Lagrange*, Acta Math. *47*, 199–236.

1925 3. FRIESECKE, H., *Vektorübertragung, Richtungsübertragung, Metrik*, Math. Ann. *94*, 101–165.
   4. KOSCHMIEDER, L., *Über zwei bei der Variation der Doppelintegrale auftretende Invarianten*, Math. Ann. *94*, 252–261.
   5. KOSCHMIEDER, L., *Invarianten bei der Variation vielfacher Integrale*, Math. Z. *24*, 181–190.
   6. SYNGE, J. L., *A generalization of the Riemannian line-element*, Trans. Amer. Math. Soc. *27*, 61–67; siehe auch Bull. Amer. Math. Soc. *31*, 214.
   7. TAYLOR, J. H., *A generalization of Levi-Civita's parallelism and the Frenet formulas*, Trans. Amer. Math. Soc. *27*, 246–264.
   8. TAYLOR, J. H., *Reduction of Euler's equations to a canonical form*, Bull. Amer. Math. Soc. *31*, 257–262.
   9. THOMAS, J. M., *Note on projective geometry of paths*, Proc. nat. Acad. Sci. U.S.A. *11*, 207–209.
   THOMAS, J. M., siehe 14.
   10. THOMAS, T. Y., *Note on projective geometry of paths*, Bull. Amer. Math. Soc. *31*, 318–322.
   11. THOMAS, T. Y., *On the projective and equiprojective geometries of paths*, Proc. nat. Acad. Sci. U.S.A. *11*, 199–203.
   12. THOMAS, T. Y., *On the equiprojective geometry of paths*, Proc. nat. Acad. Sci. U.S.A. *11*, 592–594.
   13. VEBLEN, O., *Remarks on the foundations of geometry*, Bull. Amer. Math. Soc. *31*, 121–141.
   14. VEBLEN, O., und THOMAS, J. M., *Projective normal coordinates for the geometry of paths*, Proc. nat. Acad. Sci. U.S.A. *11*, 204–207.
1926 1. BERWALD, L., *Untersuchung der Krümmung allgemeiner metrischer Räume auf Grund des in ihnen herrschenden Parallelismus*, Math. Z. *25*, 40–73; dazu Berichtigung Math. Z. *26*, 176 (1927).
   2. BERWALD, L., *Über zweidimensionale allgemeine metrische Räume*, I, J. Math. *156*, 191–210; II, siehe 1927, 1.
   3. BERWALD, L., *Zur Geometrie ebener Variationsprobleme*, Lotos Prag *74*, 43–52.
   4. EISENHART, L. P., *Geometries of paths for which the equations of the paths admit n (n + 1)/2 independent linear first integrals*, Trans. Amer. Math. Soc. *28*, 330–338.
   5. KOSCHMIEDER, L., *Invarianten bei der Variation der Integrale, deren Integranden höhere Ableitungen enthalten*, Math. Z. *25*, 74–86.
   6. KOSCHMIEDER, L., *Sobre la segunda variación de las integrales múltiples*, Rev. Mat. Hisp.-Amer. (2) *1*, 129–146.
   7. NAKAJIMA, S., *Geometrische Untersuchungen zur Variationsrechnung*, Jap. J. Math. *3*, 61–64.
   8. RIDER, P. R., *The figuratrix in the calculus of variations*, Trans. Amer. Math. Soc. *28*, 640–653.
   9. SYNGE, J. L., *The first and second variations of the length integral in Riemannian space*, Proc. London Math. Soc. (2) *25*, 247–264.
   10. THOMAS, J. M., *On normal coordinates in the geometry of paths*, Proc. nat. Acad. Sci. U.S.A. *12*, 58–63.
   11. THOMAS, J. M., *First integrals in the geometry of paths*, Proc. nat. Acad. Sci. U.S.A. *12*, 117–124.

1926  THOMAS, J. M., siehe 14.
  12. THOMAS, T. Y., *A projective theory of affinely connected manifolds*, Math. Z. *25*, 723–733.
  13. THOMAS, T. Y., *The identities of affinely connected manifolds*, Math. Z. *25*, 714–722.
  14. VEBLEN, O., und THOMAS, J. M., *Projective invariants of affine geometry of paths*, Ann. Math. (2) *27*, 279–296.
1927 1. BERWALD, L., *Über zweidimensionale allgemeine metrische Räume*, II, J. Math. *156*, 211–222; I, siehe 1926, 2.
  2. BERWALD, L., *Sui differenziali secondi covarianti*, Atti Accad. Lincei Rend. (6) *5*, 763–768.
  3. DOUGLAS, J., *The most general geometry of paths*, Bull. Amer. Math. Soc. *33*, 404.
  4. KAWAGUCHI, A., *Über projektive Differentialgeometrie*, I: *Theorie der Kegelschnittscharen in der Ebene*, Tôhoku Math. J. *28*, 126–145; II: *Theorie der ebenen Kurven*, Tôhoku Math. J. *28*, 171–192; III: *Theorie der einparametrigen Punktepaarsysteme im eindimensionalen Raume*, Tôhoku Math. J. *28*, 202–211.
  5. KAWAGUCHI, A., *Projective differential-geometrical properties of the one-parameter families of point-pairs in the one-dimensional space*, Proc. Acad. Tokyo *3*, 6–8.
  6. KAWAGUCHI, A., *Fundamental forms in the projective differential geometry of n-parametric families of hypersurfaces of the second order in the n-dimensional space*, Proc. Acad. Tokyo *3*, 310–314.
  7. KAWAGUCHI, A., *The theory of two-dimensional manifolds in the projective space of four dimensions*, Proc. Acad. Tokyo *3*, 480–484.
  8. KNEBELMAN, M. S., *Groups of collineations in a space of paths*, Proc. nat. Acad. Sci. U.S.A. *13*, 396–400.
  9. KNEBELMAN, M. S., *Motion and collineations in a general space*, Proc. nat. Acad. Sci. U.S.A. *13*, 607–611.
  10. KOSCHMIEDER, L., *Invarianten der Integranden vielfacher Integrale in der Variationsrechnung*, I, Proc. Akad. Wet. Amsterdam *31*, 140–150; II, siehe 1928, 11.
  11. STRUIK, D. J., *On the geometry of linear displacements*, Bull. Amer. Math. Soc. *33*, 523–557.
  12. TAYLOR, J. H., *Parallelism and transversality in a subspace of a general (Finsler) space*, Ann. Math. (2) *28*, 620–628.
  13. TAYLOR, J. H., *Parallelism and transversality in a subspace of a subspace of a general (Finsler) space*, Bull. Amer. Math. Soc. *33*, 393.
  14. TAYLOR, J. H., *Concerning an application of tensor analysis to the first variation of an integral*, Bull. Amer. Math. Soc. *33*, 156.
  15. THOMAS, T. Y., *The replacement theorem and related questions in the projective geometry of paths*, Ann. Math. (2) *28*, 549–561.
1928 1. BERWALD, L., *Una forma normale invariante della seconda variazione*, Atti Accad. Lincei Rend. (6) *7*, 301–306.
  2. BERWALD, L., *Parallelübertragung in allgemeinen Räumen*, Atti Congr. Bologna *4*, 263–270.
  3. BORTOLOTTI, ENEA, *Scostamento geodetico e sue generalizzazioni*, Giorn. Mat. Battaglini (3) *17* (66), 153–186.

1928 4. DOUGLAS, J., *The geometry of systems of K-spreads*, Bull. Amer. Math. Soc. *34*, 12.

5. DOUGLAS, J., *The general geometry of paths*, Ann. Math. (2) *29*, 143–168.

6. DOUGLAS, J., *Necessary and sufficient conditions for the equivalence of general affine and descriptive spaces of paths*, Bull. Amer. Math. Soc. *34*, 406.

7. DOUGLAS, J., *Normal coordinates for a space of K-spreads*, Bull. Amer. Math. Soc. *34*, 406–407.

8. DOUGLAS, J., *Determination of all descriptive and voluminar differential invariants of a space of K-spreads*, Bull. Amer. Math. Soc. *34*, 693.

9. GRÜSS, G., *Über Gewebe auf Flächen in dreidimensionalen allgemeinen metrischen Räumen*, Math. Ann. *100*, 1–31.

10. HAAR, A., *Über adjungierte Variationsprobleme und adjungierte Extremalflächen*, Math. Ann. *100*, 481–502.

11. KOSCHMIEDER, L., *Invarianten der Integranden vielfacher Integrale in der Variationsrechnung*, II, Proc. Akad. Wet. Amsterdam *31*, 469–484; I, siehe 1927, 10.

12. MENGER, K., *Untersuchungen über allgemeine Metrik*, I–III, Math. Ann. *100*, 75–163; IV, siehe 1930, 9.

13. RADON, J., *Bestimmung einer Riemannschen Metrik durch Krümmungseigenschaften*, Mh. Math. *35*, 9–24.

1929 1. BERWALD, L., *Über die n-dimensionalen Geometrien konstanter Krümmung, in denen die Geraden die kürzesten sind*, Math. Z. *30*, 449–469.

2. BERWALD, L., *Über eine charakteristische Eigenschaft der allgemeinen Räume konstanter Krümmung mit geradlinigen Extremalen*, Mh. Math. *36*, 315–330.

3. BOSQUET, J.-P., *Quelques formules fondamentales de la théorie invariantive du calcul des variations*, Bull. Acad. Bruxelles (5) *15*, 270–277.

4. BOSQUET, J.-P., *Contribution à la théorie invariantive du calcul des variations*, Bull. Acad. Bruxelles (5) *15*, 1002–1017.

5. DE DONDER, TH., *Théorie invariantive du calcul des variations*, I–VI: Bull. Acad. Bruxelles (5) *15*, 7–25, 101–116, 150–159, 231–242, 524–538, 626–634; VII–X, siehe 1930, 2.

6. DOUGLAS, J., *The Weyl tensor in the general geometry of paths*, Bull. Amer. Math. Soc. *35*, 174.

7. DOUGLAS, J., *The affine, voluminar and descriptive equivalence of spaces of K-spreads*, Bull. Amer. Math. Soc. *35*, 173–174.

8. FUNK, P., *Über Geometrien, bei denen die Geraden die kürzesten sind*, Math. Ann. *101*, 226–237.

9. GRÜSS, G., *Eine Bemerkung über geodätische Kegelschnitte auf Flächen allgemeiner Metrik*, Jber. dtsch. Math.-Ver. *38*, 83–91.

10. HOSOKAWA, T., *On the curvatures of the curve in a certain n-dimensional manifold*, Sci. Rep. Tokyo *18*, 187–193.

11. KNEBELMAN, M. S., *Collineations and motions in generalized spaces*, Amer. J. Math. *51*, 527–564.

1929 12. KNEBELMAN, M. S., *Conformal geometry of generalized metric spaces*, Proc. nat. Acad. Sci. U.S.A. *15*, 376–379.

13. MAYER, W., *Beitrag zur geometrischen Variationsrechnung*, Jber. dtsch. Math.-Ver. *38*, 260–281; II siehe 1933, 11; III siehe 1935, 5.

14. ŠLEBODZINSKI, W., *Note sur les variétés métriques*, Prace Mat. Fiz. *36* (II), 61–63.

15. TAYLOR, J. H., *An application of tensor analysis to the first variation of an integral*, Bull. Amer. Math. Soc. *35*, 231–236.

16. THOMAS, T. Y., *Determination of affine and metric spaces by their differential invariants*, Math. Ann. *101*, 713–728.

17. WEYL, H., *On the foundations of infinitesimal geometry*, Bull. Amer. Math. Soc. *35*, 716–725.

18. WHITEHEAD, J. H. C., *On a class of projectively flat affine connections*, Proc. London Math. Soc. *32*, 93–114.

19. WINTERNITZ, A., *Über Distanz- und Längenbegriff der ebenen Affingeometrie*, Lotos Prag *77*, 163–187.

1930 1. CARTAN, E., *Sur un problème d'équivalence et la théorie des espaces métriques généralisés*, Mathematica Cluj *4*, 111–136.

2. DE DONDER, TH., *Théorie invariantive du calcul des variations*, VII–X: Bull. Acad. Bruxelles (5) *16*, 436–445, 704–712, 866–873, 979–982. Errata ebenda 1084–1086; I–VI, siehe 1929, 5.

3. FUNK, P., *Über Geometrien, bei denen die Geraden die kürzesten sind und die Äquidistanten zu einer Geraden wieder Geraden sind*, Mh. Math. *37*, 153–158.

4. GOLAB, ST., *Sopra le connessioni lineari generali. Estensione d'un teorema di Bompiani nel caso più generale*, Ann. di Mat. (4) *8*, 283–291.

5. GRÜSS, G., *Beiträge zur Differentialgeometrie zweidimensionaler allgemein-metrischer Räume*, Math. Ann. *103*, 162–184.

6. HOSOKAWA, T., *On the various linear displacements in the Berwald-Finsler's manifold*, Sci. Rep. Tokyo *19*, 37–51.

7. KOSCHMIEDER, L., *Die neuere formale Variationsrechnung*, Jber. dtsch. Math.-Ver. *39*, 60.

8. LEVY, HARRY, *Normal coordinates in the geometry of paths*, Proc. nat. Acad. Sci. U.S.A. *16*, 492–496.

9. MENGER, K., *Untersuchungen über allgemeine Metrik*, IV, Math. Ann. *103*, 466–501; I–III, siehe 1928, 12.

10. THOMAS, T. Y., *The existence theorems in the problem of the determination of affine and metric spaces by their differential invariants*, Amer. J. Math. *52*, 225–250.

11. VEBLEN, O., *A generalization of the quadratic differential form*, Quarterly J. (Oxford ser.) *1*, 60–76.

12. WINTERNITZ, A., *Über die affine Grundlage der Metrik eines Variationsproblems*, Sitz.-Ber. Preuß. Akad. Wiss. Berlin 1930, 457–469.

1931 1. BORTOLOTTI, E., *Differential invariants of direction and point displacements*, Ann. Math. (2) *32*, 361–377.

2. CRAIG, H. V., *On parallel displacement in a non-Finsler space*, Trans. Amer. Math. Soc. *33*, 125–142.

3. CRAIG, H. V., *On a covariant differentiation process*, I, Bull. Amer. Math. Soc. *37*, 731–734; II, siehe 1933, 7.

1931 4. Davis, D. R., *Integrals whose extremals are a given 2n-parameter family of curves*, Trans. Amer. Math. Soc. *33*, 244–251.

5. Douglas, J., *Systems of K-dimensional manifolds in an N-dimensional space*, Math. Ann. *105*, 707–733.

6. Golab, St., und Härlen, H., *Minkowskische Geometrie*, I, II, Mh. Math. *38*, 387–398.

7. Hopf, H., und Rinow, W., *Über den Begriff der vollständigen differentialgeometrischen Fläche*, Comm. Math. Helv. *3*, 209–225.

8. Johnson, Marie M., *Tensors of the calculus of variations*, Amer. J. Math. *53*, 103–116.

van Kampen, E. R., siehe 12.

9. Kawaguchi, Akitsugu, *Theory of connections in the generalized Finsler manifold*, I: Proc. Acad. Tokyo 7, 211–214; II: siehe 1932, 13; III: siehe 1933, 16.

10. Koschmieder, L., *Die neuere formale Variationsrechnung*, Jber. dtsch. Math.-Ver. *40*, 109–132.

11. Nakajima, S., *Das Extremalproblem der relativen Affinlänge in der relativen Affingeometrie ebener Kurven*, Tôhoku Math. J. *33*, 231–233.

Rinow, W., siehe 7.

12. Schouten, J. A., und van Kampen, E. R., *Über die Krümmung einer $V_m$ in $V_n$; eine Revision der Krümmungstheorie*, Math. Ann. *105*, 144–159.

1932 1. Busemann, H., *Über die Geometrien, in denen die «Kreise mit unendlichem Radius» die kürzesten Linien sind*, Math. Ann. *106*, 140–160.

2. de Donder, Th., *Linéarisation d'un $(ds)^2$ quelconque*, C. r. Acad. Sci. Paris *195*, 1381–1383.

3. de Donder, Th., *La notion d'angle dans une métrique géométrique quelconque*, I–IV: Bull. Acad. Bruxelles (5) *18*, 303–310, 401–404, 499–504, 759–773; V–VII: siehe 1933, 10.

4. Golab, S., *Einige Bemerkungen über Winkelmetrik in Finslerschen Räumen*, Verh. Kongr. Zürich 2, 178–179 (1932).

5. Golab, S., *Quelques problèmes métriques de la géométrie de Minkowski*, Trav. Acad. Mines Cracovie, Fasz. 6, 1–79 (polnisch).

6. Hlavaty, V., und Golab, S., *Zur Theorie der Vektor- und Punktkonnexion*, Prace Mat. Fiz. *39*, 119–130.

7. Hlavaty, V., *Courbes dans des espaces généralisés*, Ann. Soc. Math. Polonaise *10*, 45–75.

8. Hopf, H., *Differentialgeometrie und topologische Gestalt*, Jber. dtsch. Math.-Ver. *41*, 209–229.

9. Hopf, H., und Rinow, W., *Die topologischen Gestalten differentialgeometrisch verwandter Flächen*, Math. Ann. *107*, 113–123.

10. Hosokawa, T., *Connections in the manifold admitting generalized transformations*, Proc. Acad. Tokyo *8*, 348–351.

11. Hosokawa, T., *Conformal property of a manifold $B_n$*, Jap. J. Math. *9*, 59–62.

12. Kawaguchi, A., *Die Differentialgeometrie in der verallgemeinerten Mannigfaltigkeit*, Rend. Circ. Mat. Palermo *56*, 245–276.

13. Kawaguchi, A., *Theory of connections in the generalized Finsler manifold*, II, Proc. Acad. Tokyo *8*, 340–343; I, siehe 1931, 9.

1932 14. KOSAMBI, D. D., *On the existence of a metric and the inverse variational problem*, Bull. Acad. Sci. Allahabad *2*, 17–28.

15. KOSAMBI, D. D., *Géométrie différentielle et calcul des variations*, Atti Accad. Lincei Rend. (6) *16*, 410–415.

16. KOSAMBI, D. D., *Modern differential geometry*, Indian J .Phys. *7*, 159–164.

17. MITCHELL, A. K., *On teleparallelism in Finsler space*, Bull. Amer. Math. Soc. *38*, 803.

18. PINL, M., *Quasimetrik auf totalisotropen Flächen*, I, Proc. Akad. Wet. Amsterdam *35*, 1181–1188; II, siehe 1933, 20; III, siehe 1935, 21.

19. RINOW, W., *Über Zusammenhänge zwischen der Differentialgeometrie im Großen und im Kleinen*, Math. Z. *35*, 512–528.
RINOW, W., siehe 9.

20. ROWE, C. H., *The subspace associated with certain systems of curves in a Riemannian space*, Verh. Kongr. Zürich *2*, 176–177 (1932).

21. ROWE, C. H., *A characteristic property of systems of paths*, Proc. Roy. Irish Acad. [A] *40*, 99–106.

22. ŠLEBODZINSKI, W., *Sur les transformations isomorphiques d'une variété à connection affine*, Prace Mat. Fiz. *39*, 55–62.

23. ŠLEBODZINSKI, W., *Sur la représentation géodésique des espaces de M. Cartan*, C. r. Soc. Sci. Varsovie *24*, 255–261.

24. THRELFALL, W., *Räume aus Linienelementen*, Jber. dtsch. Math.-Ver. *42*, 87–110.

25. WHITEHEAD, J. H. C., *Convex regions in the geometry of paths*, Quarterly J. Math. (Oxford ser.) *3*, 33–42; Addendum siehe 1933, 25.

1933 1. ANCOCHEA, G., *Las derivaciones covariantes y las identidades de Ricci en los espacios de Finsler*, Rev. Mat. Hisp.-Amer. (2) *8*, 261–264.

2. BUSEMANN, H., *Über Räume mit konvexen Kugeln und Parallelenaxiom*, Göttinger Nachr. 1933, 116–140.

3. CARTAN, E., *Les espaces métriques fondés sur la notion d'aire*, Actualités sci. industr. *72* (Hermann & Cie., Paris).

4. CARTAN, E., *Sur les espaces de Finsler*, C. r. Acad. Sci. Paris *196*, 582–586.

5. CARTAN, E., *Observation sur la communication précédente*, C. r. Acad. Sci. Paris *196*, 27–28, siehe dazu 14.

6. CARTAN, E., *Observation sur le mémoire précédent* (*Extrait d'une lettre à M. D. D. Kosambi*), Math. Z. *37*, 619–622, siehe dazu 19.

7. CRAIG, H. V., *On a covariant differentiation process*, II, Bull. Amer. Math. Soc. *39*, 919–922; I, siehe 1931, 3.

8. DELENS, P., *Sur certains problèmes relatifs aux espaces de Finsler*, C. r. Acad. Sci. Paris *196*, 1356–1358.

9. DELENS, PAUL, und DEVISME, JACQUES, *Sur certaines formes différentielles et les métriques associées*, C. r. Acad. Sci. Paris *196*, 518–521.

10. DE DONDER, TH., *La notion d'angle dans une métrique géométrique quelconque*, V–VII, Bull. Acad. Bruxelles (5) *19*, 129–133, 272–278, 249–352; I–IV, siehe 1932, 3.

**1933**  1. DUSCHEK, A., und MAYER, W., *Zur geometrischen Variationsrechnung*, II: *Über die zweite Variation des eindimensionalen Problems*, Mh. Math. Phys. *40*, 294–308; I, siehe 1929, 13.

    12. GOLAB, S., *Sur un invariant intégral relatif aux espaces métriques généralisés*, Atti Accad. Lincei Rend. (6) *17*, 515–518.

    13. GOLAB, S., *Sur la représentation conforme de deux espaces de Finsler*, C. r. Acad. Sci. Paris *196*, 986–988.

    14. GOLAB, S., *Sur la représentation conforme de l'espace de Finsler sur l'espace euclidien*, C. r. Acad. Sci. Paris *196*, 25–27; siehe dazu 5.

    15. HOMBU, HITOSHI, *On a non-Finsler metric space*, Tôhoku Math. J. *37*, 190–198.

    VAN KAMPEN, E. R., siehe 22.

    16. KAWAGUCHI, A., *Theory of connections in the generalized Finsler manifold*, III, Proc. Acad. Tokyo *9*, 347–350; I, siehe 1931, 9.

    17. KAWAGUCHI, A., *The foundation of the theory of displacements*, I, Proc. Acad. Tokyo *9*, 351–354; II, III, siehe 1934, 16.

    18. KNEBELMAN, M. S., *On Finsler spaces*, Bull. Amer. Math. Soc. *39*, 360.

    19. KOSAMBI, D. D., *Parallelism and path-spaces*, Math. Z. *37*, 608–618; siehe dazu 6.

    MAYER, W., siehe 11.

    20. PINL, M., *Quasimetrik auf totalisotropen Flächen*, II, Proc. Akad. Wet. Amsterdam *36*, 550–557; I, siehe 1932, 18; III, siehe 1935, 21.

    21. PINL, M., *Der Asymptotenkegel der Minimalhyperflächen*, Sitz.-Ber. Berliner Math. Ges. *32*, 21–26.

    22. SCHOUTEN, J. A., und VAN KAMPEN, E. R., *Beiträge zur Theorie der Deformation*, Prace Mat. Fiz. *41*, 1–19.

    23. SUBRAMANIAN, S., *On Synge's paper*, Bull. Acad. Sci. Allahabad *3*, 61–64.

    24. WEATHERBURN, C. E., *The development of multidimensional differential geometry*, Rep. Austral. New Zealand Ass. Advanc. Sci. *21*, 12–28.

    25. WHITEHEAD, J. H. C., *Convex regions in the geometry of paths*, Addendum, Quarterly J. Math. (Oxford ser.) *4*, 226–227; siehe 1932, 25.

    26. WHITEHEAD, J. H. C., *The Weierstraß E-function in differential metric geometry*, Quarterly J. Math. (Oxford ser.) *4*, 291–296.

**1934**  1. BERWALD, L., *Über Finslersche und verwandte Räume*, Zprávy o druhém sjezdu mat. zemí Slovanskych (Praha 1934).

    2. BOULIGAND, GEORGES, *Essai sur l'unité des méthodes directes*, Mém. Soc. Roy. Sci. Liège (3) *19*, H. 4, 1–88.

    3. CARTAN, E., *Les espaces de Finsler*, Actualités sci. industr. 79 (Hermann & Cie., Paris), 40 S.

    4. CRAIG, H. V., *On a generalized tangent vector*, Bull. Amer. Math. Soc. *40*, 389 und 799.

    5. DELENS, P., *La métrique angulaire des espaces de Finsler et la géométrie différentielle projective*, Actualités sci. industr. *80* ([«Exposés de géométrie», hg. von E. CARTAN, III] Hermann & Cie., Paris), 38 S.

    6. GOLAB, ST., *Contribution à un théorème de M. M. S. Knebelman*, Prace Mat. Fiz. *41*, 97–100.

**1934** 7. HAIMOVICI, M., *Formules fondamentales dans la théorie des hyper-surfaces d'un espace de Finsler*, C. r. Acad. Sci. Paris *198*, 426–427.

8. HAIMOVICI, M., *Sur les espaces généraux qui se correspondent point par point avec conservation du parallélisme de M. Cartan*, C. r. Acad. Sci. Paris *198*, 1105–1108.

9. HAIMOVICI. M., *Sur quelques types de métriques de Finsler*, C. r. Acad. Sci. Paris *199*, 1091–1093.

10. HLAVATY, V., *Les courbes de la variété générale à n dimensions* (Gauthier-Villars, Paris [Mém. Sci. Math., fasc. 63]), 74 S.

11. HOKARI, S., *Über die Bivektorübertragung*, J. Fac. Sci. Hokkaido Univ. (1) *2*, 103–117.

12. HOMBU, HITOSHI, *Konforme Invarianten im Finslerschen Raume*, I, J. Fac. Sci. Hokkaido Univ. (1) *2*, 157–168; II, siehe 1935, 14.

13. HOMBU, HITOSHI, *On a non-Finsler metric space*, J. Fac. Sci. Hokkaido Univ. (1) *2*, Anhang S. 190–198.

14. HOSOKAWA, TÔYOMON, *Über nicht-holonome Übertragung in allgemeiner Mannigfaltigkeit* $T_n$, J. Fac. Sci. Hokkaido Univ. (1) *2*, 1–11.

15. HOSOKAWA, TÔYOMON, *Connections in a manifold admitting contact transformations*, J. Fac. Sci. Hokkaido Univ. (1) *2*, 169–176.

16. KAWAGUCHI, A., *The foundation of the theory of displacements*, II, Proc. Acad. Tokyo *10*, 45–48; III, Proc. Acad. Tokyo *10*, 133–136; I, siehe 1933, 17.

17. KOSAMBI, D. D., *Collineations in paths-space*, J. Indian Math. Soc. (2) *1*, 69–72.

18. KOSAMBI, D. D., *The problem of differential invariants*, J. Indian Math. Soc. *20*, 185–188.

19. RACHEVSKY, P., *Sur les propriétés infinitésimales des géodésiques d'un espace à deux dimensions à connection affine liées à la notion d'aire*, Doklady Akademii Nauk SSSR. = C. r. Acad. Sci. URSS. Moscou (2) *3*, 570–571 (russisch und französisch).

20. ŠLEBODZINSKI, W., *Notice sur les variétés à connection affine*, C. r. Soc. Sci. Varsovie *27*, 27–31.

21. VANDERSLICE, JOHN L., *Non-holonomic geometries*, Amer. J. Math. *56*, 153–193.

22. YANO, K., *On the linear displacements in the generalized manifold*, Proc. Phys.-Math. Soc. Japan (3) *16*, 318–326.

**1935** 1. BERWALD, LUDWIG, *Über Finslersche und verwandte Räume*, Časopis Mat. Fyz. *64*, 1–16; siehe auch C. r. 2e Congrès math. pays slaves 1–16.

2. BORTOLOTTI, ENEA, *Trasporti di specie superiore*, Atti Accad. Lincei Rend. (6) *21*, 225–231.

3. CARTAN, E., *Sur une dégénérescence de la géométrie euclidienne*, Ass. franç. Avancement Sci. 1935, 128–130.

4. CRAIG, H. V., *On a generalized tangent vector*, I, Amer. J. Math. *57*, 457–462; II, siehe 1936, 6.

5. DUSCHEK, A., *Zur geometrischen Variationsrechnung*, III: *Das Variationsproblem der* $F_m$ *im Riemannschen* $R_n$ *und eine Verallgemeinerung des Gauß-Bonnetschen Satzes*, Math. Z. *40*, 279–291; I, siehe 1929, 13.

1935  6. FUNK, P., *Über zweidimensionale Finslersche Räume, insbesondere über solche mit geradlinigen Extremalen und positiver konstanter Krümmung*, Math. Z. *40*, 86–93.

    7. GOLAB, ST., *Sur une condition nécessaire et suffisante afin qu'un espace de Finsler soit un espace riemannien*, Atti Accad. Lincei Rend. (6) *21*, 133–137.

    8. GOLAB, ST., *Métrique angulaire des espaces généraux. Principe de Chasles* (polnisch), Wiadom. Mat. *38*, 31–42.

    9. GOLAB, ST., *Les transformations par polaires réciproques dans la géométrie de Finsler*, C. r. Acad. Sci. Paris *200*, 1462–1464.

   10. GOLAB, ST., *Sur le rapport entre les notions des mesures des angles et des aires dans les espaces de Finsler*, C. r. Acad. Sci. Paris *201*, 250–251.

   11. GOLAB, ST., *Sur la mesure des aires dans les espaces de Finsler*, C. r. Acad. Sci. Paris *200*, 197–199.

   12. HAIMOVICI, M., *Les formules fondamentales dans la théorie des hypersurfaces d'un espace général*, Ann. Sci. Univ. Jassy *20*, 39–58.

   13. HOKARI, SHISANJI, *Über die Übertragungen, die der erweiterten Transformationsgruppe angehören*, I, J. Fac. Sci. Hokkaido Univ. (1) *3*, 15–26; II, J. Fac. Sci. Hokkaido Univ. (1) *4*, 41–50.

   14. HOMBU, H., *Konforme Invarianten im Finslerschen Raume*, II, J. Fac. Sci. Hokkaido Univ. (1) *4*, 51–66; I, siehe 1934, 12.

   15. HOMBU, H., *Zur Theorie der unitären Geometrie*, Fac. Sci. Hokkaido Univ. (1) *3*, 27–42.

   16. KOSAMBI, D. D., *Systems of differential equations of the second order*, Quarterly J. Math. (Oxford ser.) *6*, 1–12.

   17. KOSAMBI, D. D., *Homogeneous metrics*, Proc. Indian Acad. *1*, 925–954.

   18. MICHAL, A. D., *Notes on Riemannian and non-Riemannian differential geometry in abstract spaces*, Bull. Amer. Math. Soc. *41*, 622–623.

   19. DE MIRA FERNANDES, A., *Derivazione tensoriale composta negli spazii non puntuali*, Atti Accad. Lincei Rend. (6) *21*, 555–562.

   20. MYERS, S. B., *Riemannian manifolds in the large*, Duke Math. J. *1*, 39–49.

   21. PINL, M., *Quasimetrik auf totalisotropen Flächen*, III, Proc. Akad. Wet. Amsterdam *38*, 171–180; I, siehe 1932, 18; II, siehe 1933, 20.

   22. RACHEVSKY, P., *Une géométrie métrique duale, fondée sur les espaces de Cartan généralisés*, C. r. Acad. Sci. Paris *201*, 921–923.

   23. RACHEVSKY, P., *Système bimétrique dual*, C. r. Acad. Sci. Paris *201*, 1088–1090.

   24. RACHEVSKY, P., *Dualité métrique dans la géométrie à deux dimensions de Finsler, en particulier sur une surface arbitraire*, Doklady Akademii Nauk SSSR. = C. r. Acad. Sci. URSS. Moscou 1935, III, 147–150.

   25. SYNGE, J. L., *Some intrinsic and derived vectors in a Kawaguchi space*, Amer. J. Math. *57*, 679–691.

   26. TUCKER, A. W., *Non Riemannian subspaces*, Ann. Math. (2) *36*, 965–968.

1935 27. Wagner, V., *Sur la géométrie différentielle des multiplicités anholonomes*, Abh. Sem. Vektor- u. Tensoranalysis *2–3*, 269–318.

28. Wegener, J. M., *Untersuchungen der zwei- und dreidimensionalen Finslerschen Räume mit der Grundform* $L = \sqrt[3]{a_{ikl}\,x'^i\,x'^k\,x'^l}$, Proc. Akad. Wet. Amsterdam *38*, 949–955.

29. Whitehead, J. H. C., *On the covering of a complete space by the geodesics through a point*, Ann. Mat. (2) *36*, 679–704.

30. Yano, K., *On the theory of linear connections in the manifold admitting homogeneous contact transformations*, Proc. Phys.-Math. Soc. Japan (3) *17*, 39–47.

31. Yano, K., *On the metric space* $K_n$, Proc. Phys.-Math. Soc. Japan (3) *17*, 163–169.

1936 1. Berwald, L., *Über die Hauptkrümmungen einer Fläche im dreidimensionalen Finslerschen Raum*, Mh. Math. Phys. *43*, 1–14.

2. Berwald, L., *On the projective geometry of paths*, Ann. Math. (2) *37*, 879–898.

3. Blaschke, Wilhelm, *Integralgeometrie*, XI: *Zur Variationsrechnung*, Hamb. Abh. *11*, 359–366.

4. Cartan, Elie, *La géométrie de l'intégral* $\int F(x, y, y', y'')\,dx$, J. Math. pures appl. (9) *15*, 42–69.

5. Cohn-Vossen, S., *Existenz kürzester Wege*, Compositio math. Groningen *3*, 441–452.

6. Craig, H. V., *On a generalized tangent vector*, II, Amer. J. Math. *58*, 833–846; I, siehe 1935, 4.

7. Ehresmann, Ch., *Sur la notion d'espace complet en géométrie différentielle*, C. r. Acad. Sci. Paris *202*, 2033–2035.

8. Eisenhart, L. P., und Knebelman, M. S., *Invariant theory of homogeneous contact transformation*, Ann. Math. (2) *37*, 747–765.
Haantjes, J., siehe 25.

9. Hokari, Shisanji, *Winkeltreue Transformationen und Bewegungen im Finslerschen Raume*, J. Fac. Sci. Hokkaido Univ. (1) *5*, 1–8.

10. Hokari, Shisanji, *Die Geometrie des Integrals* $\int (a_i\,a_j\,x''^i\,x''^j + 2\,ba_i x''^i)^{1/p}\,dt$, Proc. Acad. Tokyo *12*, 209–212.

11. Hombu, Hitoshi, *Theorie der kugelgeometrischen Übertragung in der Mannigfaltigkeit von Hyperflächenelementen*, J. Fac. Sci. Hokkaido Univ. (1) *4*, 195–248.

12. Hombu, Hitoshi, *Die Krümmungstheorie im Finslerschen Raume*, J. Fac. Sci. Hokkaido Univ. (1) *5*, 67–94.

13. Hombu, Hitoshi, *Invariantentheorie des Integrals* $\int F(x, y. y', y'', y''')\,dx$, Proc. Acad. Tokyo *12*, 156–158.

14. Hombu, Hitoshi, *Die Geometrie des Integrals* $\int (L\,y''' + M)\,dx$, Proc. Acad. Tokyo *12*, 159–161.

15. Kawaguchi, Akitsugu, *Some intrinsic derivations in a generalized space*, Proc. Acad. Tokyo *12*, 149–151.

16. Kawaguchi, Akitsugu, *Certain identities in a generalized space*, Proc. Acad. Tokyo *12*, 152–155.

17. Kawaguchi, Akitsugu, *Die Geometrie des Integrals* $\int (A_i x''^i + B)^{1/p}\,dt$, Proc. Acad. Tokyo *12*, 205–208.

1936 18. Kawaguchi, Akitsugu, *Ein metrischer Raum, der eine Verallge-meinerung des Finslerschen Raumes ist*, Mh. Math. Phys. *43*, 289–297.

19. Kawaguchi, Akitsugu, *Theorie des Raumes mit dem Zusammen-hang, der von Matrizen abhängig ist*, Mh. Math. Phys. *44*, 131–152. Knebelman, M. S., siehe 8.

20. Kosambi, D. D., *Path-spaces of higher order*, Quarterly J. Math. (Oxford ser.) *7*, 97–104.

21. Koschmieder, L., *Adjungierte Extremalflächen im vierstufigen Raume*, Math. Z. *41*, 43–55.

22. Nazim, Ahmet, *Über Finslersche Räume*, Dissertation (München), 56 S.

23. Rachevsky, P., *Systèmes trimétriques et la métrique de Finsler généralisée*, C. r. Acad. Sci. *202*, 1237–1239.

24. Rinow, Willi, *Über vollständige differentialgeometrische Räume*, Dtsch. Math. *1*, 46–63.

25. Schouten, J. A., und Haantjes, J., *Über die Festlegung von allge-meinen Maßbestimmungen und Übertragungen in bezug auf ko- und kontravariante Vektordichten*, Mh. Math. Phys. *43*, 161–176.

26. Thomas, T. Y., *On the metric representations of affinely connected manifolds*, Bull. Amer. Math. Soc. *42*, 77–78.

27. Varga, O., *Beiträge zur Theorie der Finslerschen Räume und der affin-zusammenhängenden Räume von Linienelementen*, Lotos Prag *84*, 1–4.

28. Wegener, Johannes M., *Untersuchungen über Finslersche Räume*, Lotos Prag *84*, 4–7.

29. Wegener, Johannes M., *Hyperflächen in Finslerschen Räumen als Transversalflächen einer Schar von Extremalen*, Mh. Math. Phys. *44*, 115–130.

1937 1. Bompiani, E., *Moderni indirizzi di geometria differenziale*, Atti Congr. Firenze 1937, 88–108; siehe auch Rev. Ciencias Lima *39*, Nr. 422, 83–110.

2. Bompiani, E., *Costruzione di elementi superficiali a partire da ele-menti curvilinei*, Atti Accad. Lincei Rend. (6) *25*, 149–154.

3. Cartan, E., *Les espaces de Finsler*, Abh. Sem. Vektor- u. Tensor-analysis Moskau *4*, 70–81, 82–94 (französisch und russisch).

4. Craig, H. V., *On tensors relative to the extended point transformation*, Amer. J. Math. *59*, 764–774.

5. Duschek, A., *Über geometrische Variationsrechnung*, Abh. Sem. Vektor- u. Tensoranalysis Moskau *4*, 95–99.

6. Golab, St., *Über eine Art der Geometrie von Kawaguchi-Hokari*, Ann. Soc. Polonaise Math. *16*, 25–30.

7. Haantjes, J., *On the Projective geometry of paths*, Proc. Edinburgh Math. Soc. (2) *5*, 103–115.

8. Haimovici, Mendel, *Sur les espaces de Finsler à connection affine*, C. r. Acad. Sci. Paris *204*, 837–839.

9. Haimovici, Mendel, *Sugli spazi metrici a connessione affine*, Atti Accad. Lincei Rend. (6) *25*, 315–320.

1937 10. HOKARI, S., *Die Differentialgeometrie in der speziellen Kawaguchi-schen Mannigfaltigkeit mit der Maßbestimmung von einer bestimmten Gestalt*, J. Fac. Sci. Hokkaido Univ. (1) *6*, 125–156.

11. HOMBU, H., *Projektive Parameter der verallgemeinerten «paths»*, Proc. Acad. Tokyo *13*, 406–409.

12. HOMBU, H., *Die projektive Theorie der paths* $x'''^i + A^i_k x''^k + B^i = 0$, Proc. Acad. Tokyo *13*, 410–413.

HOMBU, H., siehe 17.

13. HOUSEHOLDER, ALSTON SCOTT, *The dependence of a focal point upon curvature in the calculus of variations*, in: *Contributions to the calculus of variations* (Chicago 1933–37), S. 485–526.

14. KAWAGUCHI, A., *Beziehung zwischen einer metrischen linearen Über-tragung und einer nicht-metrischen in einem allgemeinen metrischen Raume*, Proc. Akad. Wet. Amsterdam *40*, 596–601.

15. KAWAGUCHI, A., *Theory of connections in a Kawaguchi space of order two*, Proc. Acad. Tokyo *13*, 183–186.

16. KAWAGUCHI, A., *Theory of connections in a Kawaguchi space of higher order*, Proc. Acad. Tokyo *13*, 237–240.

17. KAWAGUCHI, A., und HOMBU, H., *Die Geometrie des Systems par-tieller Differentialgleichungen*, J. Fac. Sci. Hokkaido Univ. (1) *6*, 21–62.

18. OHKUBO, TAKEO, *Base connections in a special Kawaguchi space*, J. Fac. Sci. Hokkaido Univ. (1) *5*, 167–188.

19. SEETHARAMAN, V., *Differential invariants for path spaces of order two*, Proc. Indian Acad. Sci. [A] *5*, 161–165.

20. SEETHARAMAN, V., *Differential invariants for path spaces of order three*, Proc. Indian Acad. Sci. [A] *5*, 336–342.

1938 1. BLUMENTHAL, L. M., *Distance geometries. A study of the develop-ment of abstract metrics* (mit einer Einführung von K. MAYER), Univ. Missouri Studies 13/II, 145 S.

2. BOULIGAND, GEORGES, *Sur la distance d'un point variable à un ensemble fixe*, C. r. Acad. Sci. Paris *206*, 552–554.

3. CAIRNS, STEWART S., *Normal coordinates for extremals transversal to a manifold*, Amer. J. Math. *60*, 423–435.

4. EHRESMANN, CH., *Sur les arcs analytiques d'un espace de Cartan*, C. r. Acad. Sci. Paris *206*, 1433–1436.

5. GOLAB, S., *A propos de la métrique angulaire des espaces de Finsler*, Opusc. math. Kraków *2*, 129–137.

6. GOLAB, S., *Sur la fonction représentante la distance d'un point vari-able à un ensemble fixe*, C. r. Acad. Sci. Paris *206*, 406–408.

7. HAIMOVICI, M., *Le parallélisme dans les espaces de Finsler et la différentiation invariante de M. Levi-Civita*, Ann. Sci. Univ. Jassy (1) *24*, 214–218.

8. HAIMOVICI, M., *Sulle superficie totalmente geodetiche negli spazi di Finsler*, Atti Accad. Lincei Rend. (6) *27*, 633–641.

9. HAIMOVICI, M., *Sur la géométrie d'une intégrale*, C. r. Acad. Sci. Paris *206*, 1071–1073.

10. HOKARI, S., *Eine symmetrische, metrische Übertragung im Kawa-guchischen Raume der Ordnung zwei*, Jap. J. Math. *15*, 129–137.

1938 11. HOMBU, HITOSHI, *Die Theorie des Kawaguchischen Raumes von der Ordnung zwei*, Tôhoku Math. J. *44*, 217–242.

12. HOMBU, HITOSHI, *Die projektive Theorie eines Systems der «paths» höherer Ordnung*, I, Jap. J. Math. *15*, 139–196; II, J. Fac. Sci. Hokkaido Univ. (1) *7*, 35–94.

13. HOMBU, HITOSHI, *Die projektive Theorie der «paths» dritter Ordnung*, Proc. Acad. Tokyo *14*, 36–40.

14. HOSOKAWA, T., *Finslerian wave geometry and Milne's world structure*, J. Sci. Hiroshima Univ. [A] *8*, 249–270.

HYERS, D. H., siehe 20.

15. KAWAGUCHI, A., *Geometry in an n-dimensional space with the arc length* $\int \{A_i(x, x')x''^i + B(x, x')\}^{1/p} dt$, Trans. Amer. Math. Soc. *44*, 153–167.

16. KOSAMBI, DAMODAR D., *Les espaces des paths généralisés qu'on peut associer avec un espace de Finsler*, C. r. Acad. Sci. Paris *206*, 1538–1541.

17. LAPTEW, B., *L'intégration covariante dans les espaces de Finsler à trois dimensions*, Bull. Soc. Phys. Math. Univ. Kazan (Isvestija Kazan) (3) *9*, 62–76.

18. LAPTEW, B., *La dérivée de S. Lie des objets géométriques qui dépendent de point et direction*, Bull. Soc. Phys. Math. Univ. Kazan (Izvestija Kazan) (3) *10*, 4–37 (russisch, französische Zusammenfassung).

19. LEVASOV, A., *La géométrie finslérienne généralisée et la mécanique classique*, Bull. Univ. Asie centr. Taskent *22*, 109–118.

20. MICHAL, A. D., und HYERS, D. H., *Theory and applications of abstract normal coordinates in a general differential geometry*, Ann. Scuola Norm. Sup. Pisa (2) *7*, 157–175.

21. MYERS, SUMNER BYRON, *Arc length in metric and Finsler manifolds*, Ann. Math. (2) *39*, 463–471.

22. OHKUBO, TAKEO, *Übertragungen in dem metrischen Raume der «K-spreads»*, J. Fac. Sci. Hokkaido Univ. (1) *6*, 159–174.

23. SEETHARAMAN, V., *Differential invariants for higher path spaces*, Proc. London Math. Soc. (2) *45*, 64–87.

24. THÉODORESCO, N., *Recherches sur les équations aux dérivées partielles linéaires d'ordre quelconque*, Ann. Sci. Univ. Jassy (1) *24*, 263–321.

25. WAGNER, V., *Über Berwaldsche Räume*, Recueil Math. Moscou (Matem. Sbornik) (2) *3*, 655–662.

1939 1. BERWALD, L., *Über Finslersche und Cartansche Geometrie, II: Invarianten bei der Variation vielfacher Integrale und Parallelhyperflächen in Cartanschen Räumen*, Compositio math. Groningen *7*, 141–176; siehe auch 1941, 1, 2 und 1947, 1.

2. BERWALD, L., *Über die n-dimensionalen Cartanschen Räume und eine Normalform der zweiten Variation eines (n − 1)-fachen Oberflächenintegrals*, Acta math. Uppsala *71*, 191–248.

3. BUSEMANN, HERBERT, *Lokale Eigenschaften der zu Variationsproblemen gehörigen metrischen Räume*, Fundam. Math. Warszawa *32*, 265–287.

1939 4. BUSEMANN, HERBERT, *Two-dimensional metric spaces with prescribed geodesics*, Ann. Math. (2) *40*, 129–140.

5. DE CICCO, JOHN, *The differential geometry of series of lineal elements*, Trans. Amer. Math. Soc. *46*, 348–361.

6. CRAIG, H. V., *On extensors and a Euclidean basis for higher order spaces*, Amer. J. Math. *61*, 791–798.

7. DAVIES, E. T., *Lie derivation in generalized metric spaces*, Ann. Mat. pure appl. Bologna (4) *18*, 261–274.

8. DEVISME, JACQUES, *Sur l'espace dont l'élément linéaire est défini par ds³ = dx³ + dy³ + dz³ − 3 dx dy dz*, C. r. Acad. Sci. Paris *208*, 1773–1775.

9. GRÜNBAUM, S., *Über die Bestimmung von Flächen aus ihrer Normalkrümmung längs einer Schar geodätischer Linien*, Comment. Math. Helv. *11*, 336–361; *12*, 71–74.

10. HAIMOVICI, M., *Variétés totalement extrémales et variétés totalement géodésiques dans les espaces de Finsler*, Ann. Sci. Univ. Jassy (1) *25*, 559–644.

11. HOKARI, SHISANJI, *Die Krümmungstheorie im Kawaguchischen Raume der Ordnung zwei*, J. Fac. Sci. Hokkaido Univ. (1) 7, 95–147.

12. HOKARI, S., *Zur neuen Behandlung der Geometrie des Systems der gewöhnlichen Differentialgleichungen höherer Ordnung*, J. Fac. Sci. Hokkaido Univ. (1) *8*, 47–62.

13. HOMBU, H., *Theory of paths of higher order and its application*, Tensor 2, 32–36 (japanisch).

14. HUMBERT, PIERRE, *Sur l'espace attaché à la forme $\Delta_3$*, C. r. Acad. Sci. Paris *208*, 1965–1966.

15. HUMBERT, PIERRE, *Sur les courbes planes de l'espace attaché à l'opérateur $\Delta_3$*, C. r. Acad. Sci. Paris *209*, 590–591.

16. KAWAGUCHI, A., *Views on higher order geometry of connections*, II, Tensor 2, 39–45; III, siehe 1940, 14; IV, siehe 1941, 13 (japanisch).

17. MENGER, KARL, *A theory of length and its applications to the calculus of variations*, Proc. nat. Acad. Sci. U.S.A. *25*, 474–478.

18. MUTO, YOSIO, und YANO, KENTARO, *Sur les transformations de contact et les espaces de Finsler*, Tôhoku Math. J. *45*, 295–307.

19. TEICHMÜLLER, O., *Extremale quasikonforme Abbildungen und quadratische Differentiale*, Abh. Preuß. Akad. Wiss. math.-naturw. Kl. 22.

20. WRONA, WLODZIMIERZ, *Neues Beispiel einer Finslerschen Geometrie*, Prace Mat. Fiz. *46*, 281–290.

YANO, KENTARO, siehe 18.

1940 DE CICCO, JOHN, siehe 11.

1. DEVISME, JACQUES, *Sur un espace dont l'élément linéaire est défini par ds³ = dx³ + dy³ + dz³ − 3 dx dy dz*, J. Math. pures appl. (9) *19*, 359–393.

2. FINSLER, P., *Über die Krümmungen der Kurven und Flächen*, Reale Accad. d'Italia 1940, 18 S.

3. FINSLER, P., *Über eine Verallgemeinerung des Satzes von Meusnier*, Vjschr. naturf. Ges. Zürich *85*, Beibl. 32, 155–164.

1940  4. Gericke, H., *Zur Differentialgeometrie von Flächen im n-dimensionalen euklidischen Raum. Adjungierte Extremalflächen*, Math. Z. *46*, 408–459.
   5. Hokari, Shisanji, *Die Theorie des Kawaguchischen Raumes mit der Maßbestimmung von einer bestimmten Gestalt*, J. Fac. Sci. Hokkaido Univ. (1) *8*, 63–78.
      Hokari, Shisanji, siehe 15 und 16.
   6. Hombu, Hitoshi, *Grundlage der Geometrie in der Mannigfaltigkeit der Kurvenelemente*, Proc. Acad. Tokyo *16*, 90–96.
   7. Hombu, Hitoshi, *Die Geometrie des Integrals $\int F(x, x^{(1)}, \ldots, x^{(m)})\, dt$*, Proc. Acad. Tokyo *16*, 97–103.
   8. Hombu, Hitoshi, *Neue Begründung der Theorie des Integrals $S = \int F(x, x^{(1)}, \ldots, x^{(m)})\, dt$ auf die projektive Theorie der «paths»*, Mem. Fac. Sci. Kyūsyū Univ. [A] *1*, 29–110.
   9. Humbert, Pierre, *Sur certaines figures planes de l'espace attaché à l'opérateur $\Delta_3$*, C. r. Acad. Sci. Paris *211*, 530–531.
  10. Johnson, M. M., *An extension of covariant differentiation process*, Bull. Amer. Math. Soc. *46*, 269–271.
  11. Kasner, Edward, und De Cicco, John, *Transformation theory of integrable double-series of lineal elements*, Bull. Amer. Math. Soc. *46*, 93–100.
  12. Kawaguchi, Akitsugu, *Die Differentialgeometrie höherer Ordnung, I: Erweiterte Koordinatentransformationen und Extensoren*, J. Fac. Sci. Hokkaido Univ. (1) *8*, 63–78.
  13. Kawaguchi, Akitsugu, *Die Differentialgeometrie höherer Ordnung, II: Über die n-dimensionalen metrischen Räume mit vom m-dimensionalen Flächenelement abhängigen Zusammenhang*, J. Fac. Sci. Hokkaido Univ. (1) *8*, 153–188; III, siehe 1941, 14.
  14. Kawaguchi, Akitsugu, *Views on higher order geometry of connections*, III, Tensor *3*, 68–70 (japanisch).
  15. Kawaguchi, A., und Hokari, S., *Die Grundlegung der Geometrie der fünfdimensionalen metrischen Räume auf Grund des Begriffs des zweidimensionalen Flächeninhalts*, Proc. Acad. Tokyo *16*, 313–319.
  16. Kawaguchi, A., und Hokari, S., *Die Grundlegung der Geometrie der n-dimensionalen metrischen Räume auf Grund des Begriffs des K-dimensionalen Flächeninhalts*, Proc. Acad. Tokyo *16*, 320–325.
  17. Kosambi, D. D., *Path equations admitting the Lorentz group*, I, J. London Math. Soc. *15*, 86–91; II, siehe 1941, 16.
  18. Kosambi, D. D., *The concept of isotropy in generalized path-spaces*, J. Indian Math. Soc. (2) *4*, 80–88.
  19. Laptew, B., *Une forme invariante de la variation et de la dérivée de Lie*, Bull. Soc. Phys. Math. Univ. Kazan (Izvestija Kazan) (3) *12*, 3–8 (russisch, französische Zusammenfassung).
  20. Menger, Karl, *On shortest polygonal approximation to a curve*, Rep. Math. Coll. Indiana (2) *2*, 33–38.
  21. Michihiro, S., *A remark to a covariant differentiation process*, J. Fac. Sci. Hokkaido Univ. (1) *9*, 189–192.
  22. Milgram, Arthur N., *On shortest paths through a set*, Rep. Math. Coll. Indiana (2) *2*, 39–44.

1940 23. DE MIRA FERNANDES, A., *Assiomatica degli spazi di elemento lineare*, Portugaliae Math. *2*, 7–12.

24. OHKUBO, T., *Geometry in a space with a generalized metric*, I, Tensor *3*, 48–55; II, siehe 1941, 22 (japanisch).

25. SEETHARAMAN, V., *On the existence of a metric for path-spaces of order two*, Proc. Indian Acad. Sci. [A] *12*, 399–406.

26. THÉODORESCO, N., *Géodésiques de longueur nulle et propagation des ondes*, Acad. Roumaine Bull. Sect. Sci. *23*, 132–137.

27. THÉODORESCO, N., *Géométrie finslérienne et propagation des ondes*, Acad. Roumaine Bull. Sect. Sci. *23*, 138–144.

1941 1. BERWALD, L., *Über Finslersche und Cartansche Geometrie*, I: *Geometrische Erklärungen der Krümmung und des Hauptskalars eines zweidimensionalen Raumes*, Mathematica Timosoara *17*, 34–58.

2. BERWALD, L., *On Finsler and Cartan geometries*, III: *Two-dimensional Finsler spaces with rectilinear extremals*, Ann. Math. (2) *42*, 84–112; vgl. auch 1939, 1 und 1947, 1.

3. BUSEMANN, HERBERT, *Metric conditions for symmetric Finsler spaces*, Proc. nat. Acad. Sci. U.S.A. *27*, 533–535.

4. BUSEMANN, HERBERT, und MAYER, WALTHER, *On the foundations of calculus of variations*, Trans. Amer. Math. Soc. *49*, 173–198.

5. DEVISME, JACQUES, *Sur quelques propriétés des trièdres d'Appell*, C. r. Acad. Sci. Paris *212*, 43–45.

6. HOKARI, SHISANJI, *Einige Sätze über ein System von Pfaffschen Ausdrücken und ihre Anwendungen*, Proc. Acad. Tokyo *17*, 434–443.

7. HOKARI, SHISANJI, *Sätze über ein System von Pfaffschen Ausdrücken in der Mannigfaltigkeit von K-dimensionalen Flächenelementen und ihre Anwendungen*, Proc. Acad. Tokyo *17*, 444–454.

8. HOMBU, HITOSHI, *On the geometry of paths of higher order*, Mem. Fac. Sci. Kyūsyū Univ. [A] *1*, 129–142.

9. HOMBU, HITOSHI, und MIKAMI, MISAO, *Parabolas and projective transformations in the generalized spaces of paths*, Jap. J. Math. *17*, 307–335.

10. HOMBU, HITOSHI, und SUGURI, TUNEO, *A treatment of geometric quantities in the manifold of surface-elements*, Mem. Fac. Sci. Kyūsyū Univ. [A] *2*, 67–90.

11. HUMBERT, P., *Sur une extension de la notion d'angle: angles d'un faisceau de trois droites*, C. r. Acad. Sci. Paris *213*, 970–971.

12. HUMBERT, P., *Sur la géométrie plane dans l'espace attaché à l'opérateur $\Delta_3$*, Ann. Univ. Lyon [A] (3) *4*, 93.

13. KAWAGUCHI, A., *Views on higher order geometry of connections*, IV, Tensor *4*, 66–68 (japanisch).

14. KAWAGUCHI, A., *Die Differentialgeometrie höherer Ordnung*, III: *Erweiterte Parametertransformationen und P-Tensoren*, J. Fac. Sci. Hokkaido Univ. (1) *10*, 77–156 (I, II, siehe 1940, 12 und 13).

15. KAWAGUCHI, A., *Space of n dimensions with a connection depending on m-dimensional plane-elements*, Abh. Sem. Vektor- u. Tensoranalysis Moskau *5*, 290–300 (russisch).

16. KOSAMBI, D. D., *Path equations admitting the Lorentz group*, II, J. Indian Math. Soc. (2) *5*, 62–72; I, siehe 1940, 17.

150                  Literaturverzeichnis

1941 17. LICHNEROWICZ, ANDRÉ, *Les espaces à connection sémi-symétrique et la mécanique*, C. r. Acad. Sci. Paris *212*, 328–331.
MAYER, W., siehe 4.

18. MICHIHIRO, S., *Theory of curves in a two-dimensional space with arc length* $s = \int (A_i\, x''^{\,i} + B)^{1/p}\, dt$, Tensor *4*, 63–66 (japanisch).

19. MIKAMI, MISAO, *On parabolas in the generalized spaces*, Jap. J. Math. *17*, 185–200.
MIKAMI, MISAO, siehe 9.

20. OHKUBO, T., *On a metric displacement in a Finsler space*, Tensor *4*, 53–55 (japanisch).

21. OHKUBO, T., *A symmetric connection in an n-dimensional Kawaguchi space*, Proc. Acad. Tokyo *17*, 178–181.

22. OHKUBO, T., *Geometry in a space with a generalized metric*, II, J. Fac. Sci. Hokkaido Univ. (1) *10*, 157–178; I, siehe 1940, 24.

23. PAUC, CHRISTIAN, *Les méthodes directes en calcul des variations et en géométrie différentielle*, Dissertation (Universität Paris).

24. PAUC, CHRISTIAN, *La méthode métrique en calcul des variations*, Actualités sci. industr. 885 (Hermann & Cie., Paris).

25. PAUC, CHRISTIAN, *Les méthodes directes en géométrie différentielle*, Actualités sci. industr. 886 (Hermann & Cie., Paris).

26. SHABBAR, MOHAMMAD, *On the existence of a metric for path-spaces admitting the Lorentz group*, Proc. Indian Acad. Sci. [A] *12*, 399–406.

27. SUGURI, TUNEO, *The geometry of K-spreads of higher order*, Mem. Fac. Sci. Kyūsyū Univ. [A] *1*, 143–166.
SUGURI, TUNEO, siehe 10.

28. THÉODORESCO, N., *Sur les géodésiques de longueur nulle de certains éléments linéaires finslériens*, Bull. Politechn. Bucuresti *12*, 9–16

29. TONOWOKA, K., *On a metric displacement along a curve in a special Kawaguchi space*, Tensor *4*, 60–62 (japanisch).

30. TONOWOKA, K., *On a metric connection along a curve in a special Kawaguchi space*, Proc. Acad. Tokyo *17*, 182–185.

31. VARGA, O., *Zur Differentialgeometrie der Hyperflächen in Finslerschen Räumen*, Dtsch. Math. *6*, 192–212.

32. VARGA, O., *Zur Herleitung des invarianten Differentials in Finslerschen Räumen*, Mh. Math. Phys. *50*, 165–175.

33. VARGA, O., *Bestimmung des invarianten Differentials in Finslerschen Räumen*, Mat. Fiz. Lapok Budapest *48*, 423–435 (ungarisch, deutsche Zusammenfassung).

1942 1. DEBEVER, ROBERT, *Sur quelques problèmes de géométries dérivées du calcul des variations*, I, Acad. Roy. Belg. Bull. Cl. Sci. (5) *28*, 794–808; II, siehe 1943, 5.

2. GOLDSTINE, H. H., *The calculus of variations in abstract spaces*, Duke Math. J. *9*, 811–822.

3. HOMBU, HITOSHI, und MIKAMI, MISAO, *Conics in the projectively connected manifolds*, Mem. Fac. Sci. Kyūsyū Univ. [A] *2*, 217–239.

4. HUMBERT, PIERRE, *Géométrie plane dans l'espace attaché à l'opérateur* $\Delta_3$, J. Math. pures appl. (9) *21*, 141–153.

1942 5. LICHNEROWICZ, ANDRÉ, *Sur une généralisation des espaces de Finsler*, C. r. Acad. Sci. Paris *214*, 599–661.

MIKAMI, M., siehe 3.

6. OHKUBO, T., *Descriptive geometry of paths*, Tensor *5*, 81–86 (japanisch).

7. THÉODORESCO, N., *Géométrie finslérienne et propagation des ondes*, Acad. Roumaine Bull. Sect. Sci. *23*, 138–144.

8. VARGA, O., *Aufbau der Finslerschen Geometrie mit Hilfe einer oskulierenden Minkowskischen Maßbestimmung*, Math.-naturw. Anzeig. Ungar. Akad. Wiss. *61*, 14–22 (ungarisch, deutsche Zusammenfassung).

9. YANO, KENTARO, *Les espaces d'éléments linéaires à connection projective normale et la géométrie projective générale des paths*, Proc. Phys. Math. Soc. Japan (3) *24*, 9–25.

10. YOUNG, L. C., *Generalized surfaces in the calculus of variations*, I, Ann. Math. (2) *43*, 84–103; II, Ann. Math. (2) *43*, 530–544.

1943 1. ALARDIN, FÉLIX, *L'autoparallélisme des courbes extrémales dans les espaces métriques fondé sur la notion d'aire*, C. r. Acad. Sci. Paris *216*, 277–279.

2. BUSEMANN, HERBERT, *On spaces in which two points determine a geodesic*, Trans. Amer. Math. Soc. *54*, 171–184.

3. CHERN, SHIING-SHEN, *On the Euclidean connections in a Finsler space*, Proc. nat. Acad. Sci. U.S.A. *29*, 33–37.

4. CHERN, SHIING-SHEN, *A generalization of the projective geometry of linear spaces*, Proc. nat. Acad. Sci. U.S.A. *29*, 38–43.

5. DEBEVER, ROBERT, *Sur quelques problèmes de géométrie dérivée du calcul des variations*, II, Acad. Roy. Belg. Bull. Cl. Sci. (5) *29*, 194–203; I, siehe 1942, 1.

6. KAWAGUCHI, A., *On various tensors appearing in the higher order geometry of connection*, Tensor *6*, 1–26 (japanisch).

7. KAWAGUCHI, A., *Determination of a fundamental tensor in a five-dimensional space based on two-dimensional area*, Tensor *6*, 49–61 (japanisch).

8. LICHNEROWICZ, ANDRÉ, *Les espaces variationnels généralisés*, C. r. Acad. Sci. Paris *217*, 415–418.

9. LICHNEROWICZ, ANDRÉ, *Sur une extension du calcul des variations*, C. r. Acad. Sci. Paris *216*, 25–28.

10. MIKAMI, M., *Geometry in an n-dimensional space based on the idea of K-dimensional volume*, Tensor *6*, 72–77 (japanisch).

11. MIKAMI, M., *Geometry of the integral* $\int (A_i\, x^{(m)\,i} + B)^{1/p}\, dt$, Jap. J. Math. *18*, 663–673.

12. OHKUBO, T., *A generalization of Cartan's space*, Tensor *6*, 45–48 (japanisch).

13. TOMONAGA, YASURO, *On the theory of hypersurfaces in the path-space of the third order*, Proc. Acad. Tokyo *19*, 341–347.

14. VARGA, O., *Zur Begründung der Minkowskischen Geometrie*, Acta Univ. Szeged. Sect. Sci. Math. *10*, 149–163.

15. WAGNER, V., *Les espaces de Finsler à deux dimensions à groupes d'holonomie finis et continus*, Doklady Akademii Nauk SSSR. = C. r. Acad. Sci. URSS. Moscou *39*, 210–212.

152                   Literaturverzeichnis

1943 16. WAGNER, V., *On generalized Berwald spaces*, Doklady Akademii Nauk SSSR. = C. r. Acad. Sci. URSS. Moscou *39*, 3–5.

17. WAGNER, V., *The inner geometry of non-linear non-holonomic manifolds*, Rec. Math. Moscou (Matem. Sbornik) (2) *13* (55), 135–167.

1944 1. BIRKHOFF, GARRET, *Metric foundations of geometry*, I, Trans. Amer. Math. Soc. *55*, 465–492.

2. BOULIGAND, GEORGES, und CHOQUET, GUSTAVE, *Problèmes liés à des métriques variationnelles*, C. r. Acad. Sci. Paris *218*, 696–698.

3. BUSEMANN, HERBERT, *Local metric geometry*, Trans. Amer. Math. Soc. *56*, 200–274.

4. CHOQUET, GUSTAVE, *Etude métrique des espaces de Finsler. Nouvelles méthodes pour les théorèmes d'existence en calcul des variations*, C. r. Acad. Sci. Paris *219*, 476–478.

CHOQUET, GUSTAVE, siehe 2.

DE CICCO, JOHN, siehe 8, 9.

5. FREEMAN, J. G., *First and second variations of the length integral in a generalized metric space*, Quarterly J. Math. (Oxford ser.) *15*, 70–83.

6. HUMBERT, PIERRE, *Bitétraèdres de l'espace attaché à l'opérateur $\Delta_3$*, Bull. Sci. Math. Paris (2) *68*, 50–59.

7. IWAMOTO, H., *On the conformal theory of metric geometry of higher order*, Tensor 7, 50–57 (japanisch).

8. KASNER, EDWARD, und DE CICCO, JOHN, *A generalized theory of contact transformations*, Univ. Nac. Tucumán Revista [A] *4*, 81–90.

9. KASNER, EDWARD, und DE CICCO, JOHN, *Generalized transformation theory of isothermal families*, Univ. Nac. Tucumán Revista [A] *4*, 91–104.

10. KATSURADA, Y., *On the theory of curves in a higher order space with some special metric*, Tensor 7, 58–64 (japanisch).

11. KAWAGUCHI, A., *On certain metric spaces of higher order*, Tensor 7, 73–77 (japanisch).

12. OHKUBO, TAKEO, *Die Differentialgeometrie des $(n-1)$-fachen Integrals*, Jap. J. Math. *19*, 33–44.

13. SEETHARAMAN, V., *On the existence of a metric for higher pathspaces*, Proc. Indian Acad. Sci. [A] *19*, 167–176.

14. TONOWOKA, K., *On a geometrical treatment of an $(n-1)$-ple integral of a certain kind*, Tensor 7, 16–23 (japanisch).

15. WALKER, A. G., *Completely symmetric spaces*, J. London Math. Soc. *19*, 219–226.

16. WALKER, A. G., *Complete symmetry in flat space*, J. London Math. Soc. *19*, 227–229.

17. WANG, HSIEN-CHUNG, *On the paths with Monge's equations of the second degree as conditions of intersections*, Bull. Amer. Math. Soc. *50*, 935–942.

1945 1. BIELECKI, A., und GOLAB, ST., *Sur un problème de la métrique angulaire dans les espaces de Finsler*, Ann. Soc. Polonaise Math. *18*, 134–144.

2. CARTAN, E., *Les systèmes différentiels extérieurs et leurs applications géométriques*, Actualités sci. industr. 994 (Hermann & Cie., Paris).

1945 3. DE CICCO, JOHN, *Equilong geometry of third order differential elements*, Nat. Math. Mag. *19*, 276–282.

4. CLARK, R. S., *Projective collineations in a space of K-spreads*, Proc. Cambridge Philos. Soc. *41*, 210–223.

5. DAVIES, E. T., *Subspaces of a Finsler space*, Proc. London Math. Soc. (2) *49*, 19–39.

6. DAVIES, E. T., *Motion in a metric space based on the notion of area*, Quarterly J. Math. (Oxford ser.) *16*, 22–30.

7. DAVIES, E. T., *The geometry of a multiple integral*, J. London Math. Soc. *20*, 163–170.

8. GALVANI, OCTAVE, *Sur la réalisation des espaces ponctuels à torsion en géométrie euclidienne*, Ann. Sci. Ecole norm. sup. (3) *62*, 1–92.

GOLAB, ST., siehe 1.

9. KASNER, EDWARD, *The recent theory of the horn angle*, Scripta Math. *11*, 263–267.

10. LICHNEROWICZ, ANDRÉ, *Les espaces variationnels généralisés*, Ann. Sci. Ecole norm. sup. (3) *62*, 339–384.

11. MENGER, KARL, *Définition intrinsèque de la notion de chemin*, C. r. Acad. Sci. Paris *221*, 739–741.

12. WAGNER, V., *Homological transformations of Finslerian metric*, Doklady Akademii Nauk SSSR. = C. r. Acad. Sci. URSS. Moscou *46*, 263–265.

1946 1. BERWALD, L., *Über die Beziehungen zwischen den Theorien der Parallelübertragung in Finslerschen Räumen*, Proc. Akad. Wet. Amsterdam *49*, 642–647; siehe auch Indagationes Math. *8*, 401–406.

2. DE CICCO, JOHN, *Differential geometry in the Kasner plane*, Amer. Math. Monthly *53*, 305–313.

3. FREEMAN, J. G., *Theory of a ruled two-space in a generalized metric space*, Quarterly J. Math. (Oxford ser.) *17*, 119–128.

4. GALVANI, OCTAVE, *Sur la réalisation des espaces de Finsler*, C. r. Acad. Sci. Paris *222*, 1067–1069.

5. GALVANI, OCTAVE, *Les connections finslériennes de congruences de droites*, C. r. Acad. Sci. Paris *222*, 1200–1202.

6. GALVANI, OCTAVE, *Sur l'immersion du plan de Finsler dans certains espaces de Riemann à trois dimensions*, C. r. Acad. Sci. Paris *223*, 1088–1090.

7. HUMBERT, PIERRE, *Formules trigonométriques dans le plan et l'espace attaché à l'opérateur $\Delta_3$*, Ann. Soc. Sci. Bruxelles (1) *60*, 196–199.

8. LICHNEROWICZ, ANDRÉ, *Sur extension de la formule d'Allendœrfer-Weil à certaines variétés finslériennes*, C. r. Acad. Sci. Paris *223*, 12–14.

9. MOSHARRAFA, A. M., *On the metric of a space and the equations of motion of a charged particle*, Proc. Math. Phys. Soc. Egypt *3*, 19–24 (englisch, arabische Zusammenfassung).

10. OHKUBO, T., *Über die Extensorrechnung in den verallgemeinerten Räumen von Flächenelementen höherer Ordnung*, J. Fac. Sci. Hokkaido Univ. (1) *11*, 1–37.

1946 11. VARGA, O., *Linienelementräume, deren Zusammenhang durch eine beliebige Transformationsgruppe bestimmt ist*, Acta Univ. Szeged. Sect. Sci. Math. *11*, 55–62.

    12. WAGNER, V., *Geometry of a space with an areal metric and its applications to the calculus of variations*, Rec. Math. Moscou (Matem. Sbornik) (2) *19* (61), 341–406 (russisch, englische Zusammenfassung).

1947 1. BERWALD, L., *Über Finslersche und Cartansche Geometrie, IV: Projektivkrümmung allgemeiner affiner Räume und Finslerscher Räume skalarer Krümmung*, Ann. Math. (2) *48*, 755–781; vgl. auch 1939, 1, und 1941, 1, 2.

    2. BLUM, RICHARD, *Sur les identités de Bianchi et de Veblen*, C. r. Acad. Sci. Paris *224*, 889–890.

    3. BUSEMANN, HERBERT, *Intrinsic area*, Ann. Math. (2) *48*, 755–781.

    4. BUSEMANN, HERBERT, *Two-dimensional geometries with elementary areas*, Bull. Amer. Math. Soc. *53*, 402–407.
CHERN, S.-S., siehe 21.

    5. DAVIES, E. T., *On metric spaces based on vector density*, Proc. London Math. Soc. (2) *49*, 241–259.

    6. DAVIES, E. T., *The theory of surfaces in a geometry based on the notion of area*, Proc. Cambridge Philos. Soc. *23*, 307–313.

    7. DEBEVER, ROBERT, *Sur une classe d'espaces à connection euclidienne*, Dissertation (Université Libre, Bruxelles), 96 S.

    8. DEBEVER, ROBERT, *Les espaces métriques à quatre dimensions fondés sur la notion d'aire à deux dimensions*, C. r. Acad. Sci. Paris *224*, 887–889.

    9. DEBEVER, ROBERT, *Sur une classe de formes quadratiques extérieures et la géométrie fondée sur la notion d'aire*, C. r. Acad. Sci. Paris *224*, 1269–1271.

    10. FREIDINA, M. G., *Dual systems admitting a group of motions*, Doklady Akademii Nauk SSSR. = C. r. Acad. Sci. URSS. Moscou *57*, 547–550 (russisch).

    11. GALVANI, OCTAVE, *La réalisation des connections ponctuelles affines et la géométrie des groupes de Lie*, J. Math. pures appl. (9) *25*, 209–239.

    12. GARDNER, G. H. F., *Geometry of the Kasner triangle*, Amer. Math. Monthly *54*, 579–583.

    13. LEE, HWA CHUNG, *On skew-metric spaces and function groups*, Amer. J. Math. *69*, 790–800.

    14. LICHNEROWICZ, ANDRÉ, und THIRY, YVES, *Problèmes du calcul des variations liés à la dynamique classique et à la théorie du champ*, C. r. Acad. Sci. Paris *224*, 529–531.

    15. SU, BUCHIN, *Descriptive collineations in spaces of K-spreads*, Trans. Amer. Math. Soc. *61*, 495–507.

    16. SU, BUCHIN, *On the isomorphic transformations of K-spreads in a Douglas space*, I, Acad. Sinica Sci. Rec. *2*, 11–19; II, siehe 1948, 7.
THIRY, YVES, siehe 14.

    17. VARGA, O., *Über eine Klasse von Finslerschen Räumen, die die nichteuklidischen verallgemeinern*, Comment. Math. Helv. *19*, 367–380.

1947 18. WAGNER, V., *Geometry of the n-dimensional space with the m-dimensional metric and its application. to the calculus of variations*, Rec. Math. Moscou (Matem. Sbornik) (2) *20* (62), 3–25 (russisch, englische Zusammenfassung).

19. WAGNER, V., *The geometrical theory of the simplest n-dimensional singular problem of the calculus of variations*, Rec. Math. Moscou (Matem. Sbornik) (2) *21* (63), 321–364 (russisch).

20. WANG, HSIEN-CHUNG, *On Finsler spaces with completely integrable equations of Killing*, J. London Math. Soc. *22*, 5–9.

21. CHERN, SHIING-SHEN, und WANG, HSIEN-CHUNG, *Differential geometry in symplectic space*, I, Sci. Rep. Tsing Hua Univ. *4*, 453–477.

1948 1. ALARDIN, FÉLIX, *L'autoparallélisme des courbes extrémales dans les espaces métriques fondés sur la notion d'aire*, J. Math. pures appl. (9) *27*, 255–336.

2. ALEXANDROFF, A. D., *Curves on manifolds of bounded curvature*, Doklady Akademii Nauk SSSR = C. r. Acad. Sci. URSS Moscou *63*, 349–352.

3. ALEXANDROFF, A. D., *Foundations of the inner geometry of surfaces*, Doklady Akademii Nauk SSSR = C. r. Acad. Sci. URSS. Moscou *60*, 1483–1486.

4. CHERN, SHIING-SHEN, *Local equivalence and euclidean connections in Finsler spaces*, Sci. Rep. Tsing Hua Univ. [A] *5*, 95–121.

5. EISENHART, LUTHER, PFAHLER, *Finsler spaces derived from Riemann spaces by contact transformations*, Ann. Math. (2) *49*, 227–254.

6. FREEMAN, J. G., *A generalization of minimal varieties*, Proc. Edinburgh Math. Soc. (2) *8*, 66–72.

7. FUNK PAUL, *Beiträge zur zweidimensionalen Finslerschen Geometrie*, Mh. Math. Phys. *52*, 194–216.

8. GOLAB, ST., *Sur la théorie des objets géométriques (Réduction des objets géométriques spéciaux de première classe aux objets du type D)*, Ann. Soc. Polon. Math. *20*, 10–27.

9. IWAMOTO, HIDEYUKI, *On geometries associated with multiple integrals*, Math. Japonicae *1*, 74–91.

10. SASAKI, S., *On some properties in the large in the geometry of paths*, Tensor *8*, 41–53 (japanisch).

11. SU, BUCHIN, *A characteristic property of affine collineations in a space of K-spreads*, Bull. Amer. Math. Soc. *54*, 136–138.

12. SU, BUCHIN, *On the isomorphic transformations of K-spreads in a Douglas space* II, Acad. Sinica Sci. Rec. *2*, 139–146; I siehe 1947, 16.

13. TERZIOĞLU, A. NAZIM, *Über den Satz von Gauß-Bonnet in Finslerschen Räumen*, Univ. Stambul Fac. Sci. Rec. Mém. 1948, 26–32.

14. WAGNER, V., *Theory of fields of local $(n-2)$-dimensional surfaces in $X_n$ and its application to the problem of Lagrange in the calculus of variations*, Ann. Math. (2) *49*, 141–188.

15. WANG, HSIEN-CHUNG, *Axiom of the plane in a general space of paths*, Ann. Math. (2) *49*, 731–737.

1949 1. BUSEMANN, HERBERT, *Angular measure and integral curvature*, Canad. J. Math *1*, 279–296.

2. LAPTEW, G. F., *Invariant construction of the projective differential geometry of surfaces*, Doklady Akademii Nauk SSSR. = C. r. Acad. Sci. URSS, Moscou *65*, 121–124.

1949  3. LEWIS, D. C., *Metric properties of differential equations*, Amer. J. Math. *71*, 294–312.

4. LICHNEROWICZ, A., *Quelques théorèmes de géométrie différentielle globale*, Comm. Math. Helv. *22*, 271–301.

5. MENGER, KARL, *What paths have length?* Fundamenta Math. *36*, 109–118.

6. RAPCSAK, A., *Kurven auf Hyperflächen im Finslerschen Raume*, Hung. Acta Math. *1*, 21–27.

7. SU, BUCHIN, *Geodesic deviation in generalized metric spaces*, Acad. Sinica Sci. Rec. *2*, 220–226.

8. VARGA, O., *Über affinzusammenhängende Mannigfaltigkeiten von Linienelementen, insbesondere deren Äquivalenz*, Publ. Math. Debrecen *1*, 7–17.

9. VARGA, O., *Über das Krümmungsmaß in Finslerschen Räumen*, Publ. Math. Debrecen *1*, 116–122.

10. VARGA, O., *Affinzusammenhängende Mannigfaltigkeiten von Linienelementen, die ein Inhaltsmaß besitzen*, Proc. Akad. Wet. Amsterdam *52*, 868–874; Indagationes Math. *11*, 316–322.

11. VARGA, O., *Vektorfelder, deren kovariante Ableitung längs einer vorgegebenen Kurve verschwindet*, Hung. Acta Math. *1*, H. 4, 1–3.

12. WAGNER, V., *Die Finslersche Geometrie als Feldtheorie der lokalen Hyperflächen in $X_n$*, Abh. Sem. Tensoranalysis Moskau 1949, H. 7, 65–166 (russisch).

13. YANO, KENTARO, *Groups of transformations in generalized spaces* (Academic Press Co., Tokyo).

1950  1. BUSEMANN, HERBERT, *The geometry of Finsler spaces*, Bull. Amer. Math. Soc. *56*, 5–16.

2. BUSEMANN, HERBERT, *The Foundations of Minkowskian Geometry*, Comm. Math. Helv. *24*, 156–187.

3. MOÓR, ARTHUR, *Espaces métriques dont le scalaire de courbure est constant*, Bull. Sci. Math. (2) *74*, 1–19.

4. MOÓR, ARTHUR, *Généralisation du scalaire de courbure et du scalaire principal d'un espace finslérien à n dimensions*, Canad. J. Math. *2*, 307–313.

5. MOÓR, ARTHUR, *Finslersche Räume mit der Grundfunktion $L = f/g$*, Comm. Math. Helv. *24*, 188–195.

6. VARGA, O., *Über den Zusammenhang der Krümmungsaffinoren in zwei eineindeutig aufeinander abgebildeten Finslerschen Räumen*, Acta Scientiarum Mathematicarum *12*, 132–135.

## C. *Autoren*

BIANCHI, LUIGI, A 1894, 1; 1899; B 1902, 1

BIELECKI, A., B 1945, 1

BIRKHOFF, GARRET, B 1944, 1

BLASCHKE, WILHELM, A 1921; B 1912, 1; 1920, 3; 1936, 3

BLISS, GILBERT AMES, A 1925, 1; 1932, 1; B 1905; 1906, 1; 1908, 4; 1914, 1; 1915

BLUM, RICHARD, B 1947, 2

BLUMENTHAL, L. M., B 1938, 1

BOLZA, O., A 1904; 1909

BOMPIANI, E., B 1913, 2; 1921, 2; 1937, 1, 2

BORTOLOTTI, ENEA, B 1928, 3; 1931, 1; 1935, 2

BOSQUET, J.-P., B 1929, 3, 4

BOULIGAND, GEORGES, B 1934, 2; 1938, 2; 1944, 2

BRUNEL, C. E. A., B 1882

BURALI-FORTI, C., A 1897

BUSEMANN, HERBERT, A 1942, 1; B 1932, 1; 1933, 2; 1939, 3, 4; 1941, 3, 4; 1942, 1; 1943, 2; 1944, 3; 1947, 3, 4; 1949, 1; 1950, 1, 2

CAIRNS, STEWART S., B 1938, 3

CAMPBELL, J. E., B 1898, 2

CARATHÉODORY, C., A 1935, 1; B 1904, 1; 1906, 2; 1908, 1; 1913, 3; 1923, 1, 2; 1925, 2

CARTAN, ELIE, A 1925, 2; 1928, 1; B 1922, 2–6; 1924, 1, 2; 1930, 1; 1933, 3–6; 1934, 3; 1935, 3; 1936, 4; 1937, 3; 1945, 2

CAUCHY, A. L., A 1826

CESÀRO, E., A 1901; B 1894, 1; 1904, 2

CHERN, SHING-SHEN, B 1943, 3, 4; 1947, 21; 1948, 4

CHOQUET, GUSTAVE, B 1944, 2, 4

DE CICCO, JOHN, B 1939, 5; 1940, 11; 1944, 8, 9; 1945, 3; 1946, 2

CLARK, R. S., B 1945, 4

COHN-VOSSEN, S., B 1936, 5

CRAIG, HOMER V., A 1943; B 1931, 2, 3; 1933, 7; 1934, 4; 1935, 4; 1936, 6; 1937, 4; 1939, 6

CRAIG, TH., B 1881, 1

DARBOUX, G., A 1887; 1898, 1

DAVIES, E. T., B 1939, 7; 1945, 5–7; 1947, 5, 6

DAVIS, D. R., B 1931, 4

DEBEVER, ROBERT, B 1942, 1; 1943, 5; 1947, 7–9

DELENS, PAUL, B 1933, 8, 9; 1934, 5

DEVISME, JACQUES, B 1933, 9; 1939, 8; 1940, 1; 1941, 5

DE DONDER, TH., A 1930, 1; B 1912, 2; 1929, 5; 1930, 2; 1932, 2, 3; 1933, 10

DOUGLAS, J., B 1927, 3; 1928, 4–8; 1929, 6, 7; 1931, 5

DUSCHEK, A., A 1930, 2; B 1933, 11; 1935, 5; 1937, 5

EHRESMANN, CH., B 1936, 7; 1938, 4

EISENHART, LUTHER PFAHLER, A 1926, 1; 1927, 2; 1940, 1; B 1922, 7, 10; 1923, 3, 4; 1924, 3; 1926, 4; 1936, 8; 1948, 5

ENNEPER, A., B 1864; 1870, 1

v. ESCHERICH, G., B 1898, 3; 1899; 1901, 1

FEDERER, HERBERT, A 1948

FINSLER, PAUL, B 1918, 1; 1940, 2, 3

FORSYTH, A. R., A 1927, 3

FREEMAN, J. G., B 1944, 5; 1946, 3; 1948, 6

FRÉCHET, MAURICE, A 1928, 2

FREIDINA, M. G., B 1947, 10

FRIESECKE, H., B 1925, 3

FUJIWARA, M., B 1911, 1, 2

FUNK, PAUL, B 1919; 1920, 4; 1929, 8; 1930, 3; 1935, 6; 1948, 7

GALVANI, OCTAVE, B 1945, 8; 1946, 4–6; 1947, 11

GARDNER, G. H. F., B 1947, 12

GAUSS, CARL FRIEDRICH, A 1827

GERICKE, H., B 1940, 4

GERNET, N., B 1902, 2

GOLAB, STANISLAW, B 1930, 4; 1931, 6; 1932, 4–6; 1933, 12–14; 1934, 6; 1935, 7–11, 1937, 6; 1938, 5, 6; 1945, 1; 1948, 8

GOLDSTINE, H. H., B 1942, 2
GOURSAT, E., A 1915
GRASSMANN, H., A 1844; 1862; 1886
GRÜNBAUM, S., B 1939, 9
GRÜSS, G., B 1928, 9; 1929, 9; 1930, 5
GUICHARD, C., B 1912, 3

HAANTJES, J., B 1936, 25; 1937, 7
HAAR, A., B 1928, 10
HAAS, A., B 1881, 2
HADAMARD, J., B 1901, 2
HAIMOVICI, MENDEL, B 1934, 7–9; 1935, 12; 1937, 8, 9; 1938, 7–9; 1939, 10
HAMEL, G., B 1901, 3
HÄRLEN, H., B 1931, 6
HLAVATY, VACLAW, A 1934, 1; B 1932, 6, 7; 1934, 10
HOKARI, SHISANJI, B 1934, 11; 1935, 13; 1936, 9, 10; 1937, 10; 1938, 10; 1939, 11, 12; 1940, 5, 15, 16; 1941, 6, 7
HOMBU, HITOSHI, B 1933, 15; 1934, 12, 13; 1935, 14, 15; 1936, 11–14; 1937, 11, 12, 17; 1938, 11–13; 1939, 13; 1940, 6–8; 1941, 8–10; 1942, 3
HOPF, H., B 1931, 7; 1932, 8, 9
HOSOKAWA, Tôyomon, B 1929, 10; 1930, 6; 1932, 10, 11; 1934, 14, 15; 1938, 14
HOUSEHOLDER, ALSTON SCOTT, B 1937, 13
HUMBERT, PIERRE, B 1939, 14, 15; 1940, 9; 1941, 11, 12; 1942, 4; 1944, 6; 1946, 7
HYERS, D. H., B 1938, 20

IWAMOTO, H., B 1944, 7; 1948, 9

JOHNSON, MARIE M., B 1931, 8; 1940, 10
JORDAN, C., B 1874, 1, 2; 1875, 2

KÄHLER, E., A 1934, 2
VAN KAMPEN, E. R., B 1931, 12; 1933, 22

KASNER, EDWARD, B 1940, 11; 1944, 8, 9; 1945, 9
KATSURADA, J., B 1944, 10
KAWAGUCHI, AKITSUGU, B 1927, 4–7; 1931, 9; 1932, 12, 13; 1933, 16, 17; 1934, 16; 1936, 15–19; 1937, 14–17; 1938, 15; 1939, 16; 1940, 12–16; 1941, 13–15; 1943, 6, 7; 1944, 11
KILLING, W., A 1885; 1893, 2
KLEIN, FELIX, A 1872
KNEBELMAN(N), M. S., B 1927, 8, 9; 1929, 11, 12; 1930, 5; 1933, 18; 1936, 8
KNESER, ADOLF, A 1900, 1
KNOBLAUCH, J., A 1913
KOMMERELL, K., A 1903; B 1897, 2
KOMMERELL, V., A 1893, 3; 1903
KOSAMBI, DAMODAR D., B 1932, 14–16; 1933, 19; 1934, 17, 18; 1935, 16, 17; 1936, 20; 1938, 16; 1940, 17, 18; 1941, 16
KOSCHMIEDER, L., A 1933; B 1925, 4, 5; 1926, 5, 6; 1927, 10; 1928, 11; 1930, 7; 1931, 10; 1936, 21
KÜHNE, H., B 1904, 3

LAGRANGE, R., A 1926, 2; B 1924, 4
LANDSBERG, G., B 1895; 1897, 3; 1907, 1, 2; 1908, 2
LANE, ERNEST PRESTON, A 1940, 2; 1942, 2
LAPTEW, B., B 1938, 17, 18; 1940, 19; 1949, 2
LEE, HWA CHUNG, B 1947, 13
LEVASOV, A., B 1938, 19
LEVI, E. E., B 1908, 3
LEVI-CIVITA, T., A 1925, 3; 1927, 4; 1928, 3; B 1900, 2; 1917, 1; 1923, 5
LEVY, HARRY, B 1930, 8
LEWIS, D. C., B 1949, 3
LICHNEROWICZ, ANDRÉ, B 1941, 17; 1942, 5; 1943, 8, 9; 1945, 10; 1946, 8; 1947, 14; 1949, 4
LIE, SOPHUS, A 1888, 2; B 1871, 1, 2; 1884
V. LILIENTHAL, R., A 1896, 2
LIPKA, J., B 1923, 6, 7
LIPKE, J., B 1912, 4

LIPSCHITZ, R., B 1869, 2; 1870, 2; 1876, 2

MACCONE, A., B 1923, 8
MASON, M., B 1908, 4
MAYER, WALTHER, A 1930, 2; B 1929, 13; 1933, 11; 1941, 4
MENGER, KARL, B 1928, 12; 1930, 9; 1939, 17; 1940, 20; 1945, 11; 1949, 5
MEYER, W. FR., B 1910, 2
MICHAL, A. D., B 1935, 18; 1938, 20
MICHIHIRO, S., B 1940, 21; 1941, 18
MIKAMI, MISAO, B 1941, 9, 19; 1942, 3; 1943, 10, 11
MILGRAM, ARTHUR N., B 1940, 22
DE MIRA FERNANDES, A., B 1935, 19; 1940, 23
MITCHELL, A. K., B 1932, 17
MOÓR, ARTHUR, B 1950, 3–5
MOSHARRAFA, A. M., B 1946, 9
MÜLLER, E., B 1917, 2
MUTÔ, YOSIO, B 1939, 18
MYERS, SUMNER BYRON, B 1935, 20; 1938, 21

NAKAJIMA, S., B 1926, 7; 1931, 11
NAZIM, AHMET, B 1936, 22; 1948, 13
NOETHER, EMMY, B 1918, 2; 1923, 9
NOHEL, E., B 1914, 2

OHKUBO, TAKEO, B 1937, 18; 1938, 22; 1940, 24; 1941, 20–22; 1942, 6; 1943, 12; 1944, 12; 1946, 10
OSGOOD, WILLIAM FOGG, B 1900, 1

PAUC, CHRISTIAN, B 1941, 23–25
PINL, M., B 1932, 18; 1933, 20, 21; 1935, 21

RACHEVSKY, PIERRE, A 1947, 1; B 1934, 19; 1935, 22–24; 1936, 23
RADON, J., B 1916; 1928, 13
RAPCSÁK, A., B 1949, 6
RASEWSKIJ, P., siehe RACHEVSKY
RATH, E., B 1894, 2

RICCI, G., A 1898, 2; B 1900, 2; 1902, 3
RIDER, P. R., B 1926, 8
RIEMANN, BERNHARD, A 1854; B 1861
RINOW, WILLI, B 1931, 7; 1932, 9, 19; 1936, 24
ROWE, C. H., B 1932, 20, 21

SASAKI, S., B 1948, 10
SCHEFFERS, GEORG, A 1900, 2
SCHLEGEL, V., B 1900, 3
SCHOUTEN, J. A., A 1914; 1924; 1935, 2; 1938, 1; B 1931, 12; 1933, 22; 1936, 25
SEETHARAMAN, V., B 1937, 19, 20; 1938, 23; 1940, 25; 1944, 13
SHABBAR, MOHAMMAD, B 1941, 26
SHAW, J. B., B 1913, 4
SISAM, CH. H., B 1911, 3
ŠLEBODZINSKI, W., B 1929, 14; 1932, 22, 23; 1934, 20
SMITH, A. W., B 1906, 3
SOMMERVILLE, D. M. Y., A 1911
STÄCKEL, B., B 1894, 3
STAHL, H., A 1893, 3
STROMQUIST, CARL EBEN, B 1906, 4
STRUIK, D. J., A 1922; 1925, 4; 1934, 3; 1935, 2; 1938, 1; B 1927, 11
SU, BUCHIN, B 1947, 15, 16; 1948, 11, 12; 1949, 7
SUBRAMANIAN, S., B 1933, 23
SUGURI, TUNEO, B 1941, 10, 27
SYNGE, J. L., B 1925, 6; 1926, 9; 1935, 25

TAYLOR, J.H., B 1924, 5; 1925, 7, 8; 1927, 12–14; 1929, 15
TEICHMÜLLER, O., B 1939, 19
TERZIOĞLU, siehe NAZIM
THÉODORESCO, N., B 1938, 24; 1940, 26, 27; 1941, 28; 1942, 7
THIRY, YVES, B 1947, 14
THOMAS, JOSEPH MILLER, B 1925, 9, 14; 1926, 10, 11, 14
THOMAS, TRACY YERKEO, A 1934, 4; B 1923, 12; 1924, 6; 1925, 10–12; 1926, 12, 13; 1927, 15; 1929, 16; 1930, 10; 1936, 26

THRELFALL, WILLIAM, B 1932, 24
TOMONAGA, YASURO, B 1943, 13
TONOWOKA, KEINOSUKE, B 1941, 29, 30; 1944, 14
TUCKER, A. W., B 1935, 26

UNDERHILL, ANTHONY LISPENARD, B 1908, 5

VANDERSLICE, JOHN L., B 1934, 21
VARGA, O., B 1936, 27; 1941, 31–33; 1942, 8; 1943, 14; 1946, 11; 1947, 17; 1949, 8–11; 1950, 6
VEBLEN, OSWALD, A 1932, 2; B 1904, 4; 1922, 8–10; 1923, 10–12; 1924, 6; 1925, 13, 14; 1926, 14; 1930, 11
VOSS, A., B 1880, 1, 2; 1918, 3
VRANCEANU, G., A 1947, 2

WAGNER, V., B 1935, 27; 1938, 25; 1943, 15–17; 1945, 12; 1946, 12; 1947, 18, 19; 1948, 14; 1949, 12

WALKER, A. G., B 1944, 15, 16
WANG, HSIEN-CHUNG, B 1944, 17; 1947, 20, 21; 1948, 15
WEATHERBURN, C. E., A 1938, 2; B 1933, 24
WEGENER, JOHANNES M., B 1935, 28; 1936, 28, 29
WEITZENBÖCK, R., A 1908
WEYL, HERMANN, A 1918; B 1929, 17
WHITEHEAD, J. H. C., A 1932, 2; B 1929, 18; 1932, 25; 1933, 25, 26; 1935, 29
WINTERNITZ, A., B 1929, 19; 1930, 12
WIRTINGER, W., B 1923, 13
WRONA, WLODZIMIERZ, B 1939, 20
YANO, KENTARO, B 1934, 22; 1935, 30, 31; 1939, 18; 1942, 9; 1949, 13
YOUNG, L. C., B 1942, 10
ŽORAWSKI, KASIMIR, B 1892; 1906, 5